Für David und Sophie

Sebastian Junge

# MARITIME MONUMENTE

## Spektakuläre Architektur am Wasser

Delius Klasing Verlag

GÖTA KANAL LJUNGSBRO

# Am Wasser gebaut

*von Sebastian Junge*

**Wer vor einem** größeren Gewässer steht, kennt dieses unbestimmte Gefühl und die damit verbundene Frage: »Wie mag es drüben aussehen?« Die Sehnsucht, auf die andere Seite des Ufers zu gelangen, ist sicher so alt wie die Menschheit selbst. Historiker können nicht genau sagen, wann Menschen die ersten Boote bauten. Man geht davon aus, dass unsere Vorfahren um das Jahr 8000 vor Christus entdeckten, dass Menschen sich auch auf dem Wasser fortbewegen können.

Anthropologen gehen sogar davon aus, dass die Geschichte der Schifffahrt noch viel weiter in die Vergangenheit reicht. Bekannt ist, dass unsere Vorfahren zunächst Flösse bauten, dann Einbäume, später Boote aus Papyrus.

Die Menschheit war schon immer nahe am Wasser verortet. Das Leben mit dem Element brachte Herausforderungen mit sich und inspirierte zu neuen Lösungen. Zunächst wurden Stege gebaut, um trockenen Fußes in die Boote zu gelangen, später ganze Siedlungen, Pfahlbauten, die über Gewässern in Ufernähe errichtet wurden. Die Geschichte des Brückenbaus begann mit umgestürzten Bäumen, bewusst platzierten Stämmen, Lianen und hölzernen Planken, die als Brücken mit geringer Spannweite kurze Distanzen überwanden. Da waren sie also, die ersten maritimen Bauwerke, mit denen eine Entwicklung begann, die sich bis zum heutigen Tag fortsetzt.

Die Geschichte der in diesem Buch versammelten maritimen Monumente ist zugleich die Geschichte von Hindernissen, die überwunden wurden. Kanäle, die gebaut wurden, um neue Verbindungen herzustellen. Hebewerke wurden konstruiert, um etwas zu schaffen, was natürliche Wasserläufe nicht ermöglichten: bergauf zu fahren. Bäche, Flüsse, Ströme und sogar Meerengen wurden mit Brücken überquert. Für all diese Vorhaben entwickelten geniale Architekten und grandiose Ingenieure zukunftweisende Lösungen.

Bei jedem Projekt, das geplant und umgesetzt wurde, herrschten eigene Bedingungen. Einige Bauwerke mussten so berechnet werden, dass sie extremen Stürmen oder gewaltigen Strömungen standhalten. Es galt, enorme Lasten zu bewegen und große Höhenunterschiede zu überwinden. Manche der beschriebenen Bauwerke kann man als Pioniertaten betrachten und die Ingenieure als Meister ihrer Kunst, die Bauarbeiter als unbesungene Helden.

Vom prähistorischen Floß bis zum modernen Schiffshebewerk, zu imposanten Kanalbauten oder spektakulären Brücken war es ein weiter Weg – und jedes dieser maritimen Monumente ist ein Meilenstein. In ihnen lebt der Geist ihrer Erfinder und deren Wille, Grenzen zu überschreiten und technisches Neuland zu entdecken. Wir haben das Glück, sie besuchen und besichtigen zu können, einige von ihnen ganz in unserer Nähe.

Seit jeher haben Menschen versucht, Wege über und durchs Wasser zu finden. Viele Ideen waren und sind spektakulär, so wie das Riesenrad für Schiffe »Falkirk Wheel« in Schottland.

# Das Tor zum Mittelmeer

Der Suez-Kanal ist eine der wichtigsten Schifffahrtsrouten des Welthandels. Seine Geschichte ist ebenso bewegt wie die seiner Brücken. Eine von ihnen ist die El-Ferdan-Drehbrücke – weltweit die größte ihrer Art.

30° 39' 25.8'' N, 32° 20' 1.4'' E

## El-Ferdan-Drehbrücke

**Ort:** Ismailia/Ägypten
**Fertigstellung:** 2001
**Bauzeit:** 5 Jahre
**Bauausführung:** SEH Engineering u. a.
**Material:** Stahl, Beton
**Gesamtlänge:** 640 Meter
**Durchfahrtshöhe:** 15 Meter

**In einem stählernen Bogen** überspannt die El-Ferdan-Brücke die 300 Meter breite Fahrrinne des Suez-Kanals. Mit einer Durchfahrtshöhe von nur 15 Metern versperrt sie in geschlossenem Zustand den Weg für die Schifffahrt. Da es sich jedoch um eine Drehbrücke handelt, wird sie regelmäßig zu einem weiten Tor, das den großen Schiffen den Weg zum Mittelmeer erschließt. 15 Minuten dauert das Spektakel des Öffnens: Majestätisch drehen sich die beiden jeweils 5000 Tonnen schweren Ausleger der El-Ferdan-Brücke um ihre eigene Achse, um den Weg für eine der bedeutendsten Schifffahrtsrouten des Welthandels frei zu machen. Auf halber Strecke zwischen Suez und Port Said in Ägypten überquert seit 2001 die größte Drehbrücke der Welt den Suez-Kanal, der das Rote Meer mit dem Mittelmeer verbindet.

Der schwenkbare Stahlkoloss ist 640 Meter breit. Seine beiden Ausleger ruhen auf massiven, 60 Meter hohen Pylonen, in denen die Drehmechanik ihren Platz hat. Die Fachwerk-Konstruktion der Brücke besteht aus Stahl und wird von jeweils einem massiven Kragträger gehalten. Das ist eine Art stählerner Querbalken, der einerseits die Brückenteile stützt, andererseits aber auch auf dem Drehkranz aufsitzt und somit die Rotation der Ausleger ermöglicht. Als Antrieb dienen leistungsstarke Elektromotoren. Die gesamte Stromversorgung der Brücke wird durch Dieselgeneratoren gewährleistet. Autark zu sein, ist wichtig. Denn wie an kaum einem anderen Ort der Welt gilt hier: Zeit ist Geld. Stromausfälle kann und will man sich nicht leisten. Immerhin 12 Prozent des weltweiten Seehandels werden über den Suez-Kanal abgewickelt. Jedes Jahr passieren rund 19000 bis zu 400 Meter lange Containerschiffe, Tanker oder Massengut-Frachter den Kanal – und jede Passage kostet etwa 300 000 Euro Maut.

Allerdings ist der Kanal in dieser Region nicht der einzige wichtige Verkehrsweg. Die Sinai-Eisenbahnlinie, die zweigleisig über die El-Ferdan-Brücke läuft, ist die einzige Bahnverbindung zwischen der 22-Millionen-Einwohner-Stadt Kairo und dem Nahen Osten.

Die Geschichte des Kanals ist ebenso bewegt und umkämpft wie die seiner Brücken. Im Jahr 1869 wurde der Kanal in den Dienst gestellt. Der ägyptische Vizekönig Mohammed Said hatte französische Ingenieure mit der Planung und dem Bau beauftragt. Der Suez-Kanal wurde bis 1956 von einer internationalen Gesellschaft betrieben und erspart dem Seehandel bis heute den enorm weiten Weg rund um Afrika. Wie so oft, liegen auch hier Fluch und Segen dicht beieinander. Der Kanal veränderte nicht nur den Seehandel, sondern hatte auch enorme strategische Bedeutung. Immer wieder wurde er zum Zentrum militärischer Auseinandersetzungen. Im Suez-Krieg wurde eine 1954 errichtete Drehbrücke von der französischen Luftwaffe bombardiert. Der Konflikt entbrannte, als Ägypten die internationale Kanalgesellschaft verstaatlichte, um den Schiffsverkehr zu kontrollieren. Frankreich, Großbritannien und Israel sahen darin eine Bedrohung des Welthandels und versuchten, dies mit

Größte Drehbrücke der Welt: Sie überquert den Suez-Kanal auf halber Strecke zwischen Suez und Port Said in Ägypten.

## Wichtiger Verkehrsweg: Zwölf Prozent des weltweiten Seehandels werden über den Suez-Kanal abgewickelt.

militärischen Mitteln zu verhindern. Doch am Ende mussten sie nachgeben. Heute wacht die Suez Canal Authority, ein ägyptisches Staatsunternehmen, über den Kanal.

Eine zweite Brücke wurde gebaut und 1967 im Sechs-Tage-Krieg zwischen Israel und Ägypten ebenfalls zerstört. Nachfolger wurde die El-Ferdan-Brücke, die zwischen 1996 und 2001 von einem Konsortium unter der Federführung von ThyssenKrupp-Stahlbau (SEH Engineering) errichtet wurde. Eingeweiht wurde sie am 14. November 2001 vom damaligen ägyptischen Herrscher Husni Mubarak.

Doch damit war die wechselvolle Geschichte der Brücken über den Suez-Kanal nicht zu Ende. 2014 erhielt der Kanal eine zweite Fahrrinne. Da die El-Ferdan-Brücke nur den alten Kanal überspannte, wurde die Landverbindung zum Sinai erneut unterbrochen. Seitdem ruht die größte Drehbrücke der Welt – weit geöffnet, damit Schiffe ungehindert passieren können – und wartet auf ihre jüngere Schwester. Im Jahr 2018 erhielten chinesische Firmen den Auftrag für den Bau einer weiteren Drehbrücke, die den zweiten Kanalarm überqueren soll. Sie stellt eine direkte Verlängerung der El-Ferdan-Brücke dar und ist 320 Meter breit. Für China ist die neue Brücke ein wichtiges Bindeglied im ambitionierten Infrastruktur-Projekt »Neue Seidenstraße«, mit dem China eine eigene Handelsroute zwischen Zentralasien und Europa etablieren will. Die Verlängerungsbrücke über den zweiten Kanalarm wurde in nur drei Jahren gebaut. Im November 2021 bestand sie einen ersten Testlauf. Einen Namen hat sie noch nicht bekommen. Wann sie in den regulären Betrieb gehen kann, ist noch offen.

# Weltwunder aus Stahl

Die **Forth Bridge** in Schottland war nach ihrer Fertigstellung die längste Brücke der Welt und gilt bis heute als Meisterwerk der Ingenieurskunst. Doch damit sie entstehen konnte, musste erst ein anderes Bauwerk in einer Katastrophe enden.

56° 0′ 0″ N, 3° 23′ 20″ W

## Forth Bridge

**Ort:** Queensferry/Schottland
**Fertigstellung:** 3. März 1890
**Kosten:** 3,5 Mio. britische Pfund
**Bauzeit:** 8 Jahre
**Architekten:** John Fowler, Benjamin Baker
**Material:** Stein, Stahl
**Gesamtlänge:** 2523 Meter
**Durchfahrtshöhe für Schiffe:** 46 Meter

**Die schottischen Lowlands** sind eine raue, von Wasserläufen durchzogene Landschaft. Das macht es im 19. Jahrhundert, dem großen Zeitalter der Eisenbahnen, schwierig, die Städte des Landes durch Schienen zu verbinden. Um von Edinburgh in das 58 Kilometer entfernte Aberdeen zu gelangen, gilt es, die 2000 Meter breite Mündung des Flusses Forth zu überwinden. Die Voraussetzungen dafür sind alles andere als ideal. Der Tidenhub beträgt hier bis zu 6,5 Meter, und die Strömung des Forth ist enorm. Die Gezeitenkräfte der Nordsee bewegen das Wasser alle sechs Stunden mit großer Kraft von der einen in die andere Richtung und wieder zurück. Ein zunächst geplantes Tunnelprojekt wird schnell verworfen, und 1877 erhält der renommierte Brückenbauingenieur Sir Thomas Bouch den Auftrag, eine Brücke über den Forth zu planen. Bouch scheint sich mit dem Brückenbau in den tückischen schottischen Gewässern auszukennen. Unter seiner Aufsicht ist bereits die von ihm entworfene Firth-of-Tay-Bridge verwirklicht worden. Ebenfalls eine Eisenbahnbrücke, die auf der gleichen Bahnstrecke weiter nördlich den Flusslauf des Tay überspannt. Doch noch bevor die Bauarbeiten zu der von Bouch geplanten Hängebrücke über den Forth beginnen, ereignet sich eine Katastrophe, die alles verändert. Am 28. Dezember 1879 verbreitet sich die Unglücksnachricht wie ein Lauffeuer: Während eines Orkans der Stärke 11 bricht ein 1000 Meter langer Abschnitt der Firth-of-Tay-Bridge zusammen. Mit den Trümmern der Brücke stürzt ein Postzug, in dem sich 72 Reisende und 3 Bahnbedienstete befinden, in die Tiefe – niemand überlebt. Eine Untersuchungskommission macht später eine unheilvolle Verkettung aus Konstruktionsfehlern, Materialermüdung und Baumängeln als Unglücksursache aus. Ein halbes Jahr zuvor war Thomas Bouch noch als Wunderkind der Brückenbaukunst zum Ritter geschlagen worden. Jetzt ist das Vertrauen in seine Fähigkeiten als Ingenieur zutiefst erschüttert, und er verliert den Auftrag für die Forth-Bridge. Doch in jeder Krise steckt bekanntlich auch eine Chance. Eine erneute Ausschreibung können die aufstrebenden Ingenieure John Fowler und Benjamin Baker für sich entscheiden. Es sollte sich als eine kluge Wahl herausstellen. Baker und Fowler sind nicht nur kompetent, kreativ und neuen Ideen gegenüber aufgeschlossen. Sie begreifen schnell, dass beim Brückenbau auch die Psychologie eine wichtige Rolle spielt. Nach dem Desaster der Tay-Bridge gilt es, nicht nur eine solide Brücke zu bauen, sondern auch das Vertrauen der Menschen zu gewinnen. Die beiden Ingenieure entwerfen eine Auslegerbrücke, die schon optisch einen äußerst stabilen und somit vertrauenerweckenden Eindruck macht. Sie ruht auf drei wuchtigen Pfeilerkonstruktionen, die von insgesamt zwölf massiven Fundamenten getragen werden. Diese Pfeiler werden auf ufernahen Bereichen sowie auf der Insel Inchgarvie, wo der Untergrund besonders tragfähig ist, errichtet. Dennoch: Eine Auslegerbrücke dieser Größenordnung ist zuvor noch nie gebaut worden. Um so wichtiger erscheint es den beiden Ingenieuren, eine Konstruktion zu wählen, die ein Höchstmaß an statischer Berechenbarkeit ermöglicht. Daher verwenden sie sogenannte Gerberträger,

Starke Premiere: Beim Bau der Brücke wurde zum ersten Mal Siemens-Martin-Stahl verwendet.

Für die Ewigkeit gebaut: In mehr als 120 Jahren haben sich die Fundamente der Forth Bridge um keinen einzigen Millimeter verschoben.

die zwischen den Pfeilern eingehängt werden. Bei diesem nach dem deutschen Ingenieur Heinrich Gerber benannten System wird der relativ kurze Träger mit Gelenken zwischen den Auslegern befestigt. Dadurch erhält man ein statisches System, bei dem der Kräfteverlauf im Bauwerk besser zu berechnen ist als bei anderen Konstruktionen.

Es ist ein Wettlauf gegen die Nachwirkungen der Tay-Bridge-Katastrophe, den Fowler und Baker für sich entscheiden müssen. Ein Wettlauf, bei dem es nicht um Zeit, sondern um Sicherheit geht. Bei jedem Bauschritt versuchen die beiden Ingenieure daher aus den Fehlern, die zum Einsturz der Tay-Bridge führten, zu lernen. Die Fundamente ihrer

Im Schatten der Brücke: Der kleine Ort Queensferry liegt zwölf Kilometer nordwestlich von Edinburgh am Ufer des Firth of Forth.

Rasante Ausführung: Nach nur acht Jahren Bauzeit wurde die Forth Bridge offiziell freigegeben.

## Bedeutende Architektur: Seit 2015 steht die Brücke über den Firth of Forth auf der von der UNESCO geführten Liste des Welterbes.

Brücke sollten die besten sein, die je gegründet wurden: Sie engagieren für die Aufgabe den Spezialisten Louis Coiseau, der schon am Suez-Kanal sein Können gezeigt hatte. Er verwendet für die Gründungsarbeiten Senkkästen – sogenannte Caissons. Dabei wird ein Kasten in den Fluten des Forth versenkt. Durch Druckluft wird das Wasser aus dem Behältnis gedrängt, und es entsteht ein Raum, der groß genug ist, um Arbeitern das Graben im Untergrund zu ermöglichen. Coiseaus Kästen haben den enormen Durchmesser von 21 Metern. Und so graben sich gleichzeitig bis zu 27 Männer mit Schaufeln und Spitzhacken 30 Meter tief in den Untergrund, während das Wasser des Forth an den Außenwänden des Caissons vorbeiströmt. Dann wird das Ganze mit Beton ausgegossen. Erst vor Kurzem sind die Fundamente der Forth-Bridge auf ihre Standfestigkeit untersucht worden, um festzustellen, dass sie sich in über 120 Jahren keinen Millimeter gesetzt haben.

Neben der besonders stabilen Konstruktion und den extratiefen Fundamenten sollte sich ein neuartiges Material ebenfalls als wegweisend herausstellen. Die Konstruktionselemente der unglückseligen Tay-Bridge waren noch aus dem damals üblicherweise verwendeten Gusseisen gefertigt worden. Doch das Material hatte sich beim Brückeneinsturz als zu spröde und nicht bruchfest erwiesen. Fowler und Baker hingegen setzen bei ihrer Konstruktion zum ersten Mal im Brückenbau auf den damals gerade neu entwickelten Siemens-Martin-Stahl. Ein Material, das in Sachen Biegsamkeit und Zugfestigkeit dem Gusseisen deutlich überlegen ist.

Eine entscheidende Frage, die sich jeder Ingenieur stellt, wenn er ein Projekt plant, lautet: »Wie sicher muss mein Bauwerk sein?« Aus heutiger Sicht kalkuliert man mit zweieinhalbfacher Sicherheit. Die Statik hält also 2,5-mal so viel aus, wie sie muss. Die Forth-Bridge hingegen wurde mit fünffacher Sicherheit geplant und erbaut. Den Preis dafür zahlen 65 Arbeiter, die beim Bau ums Leben kamen. Für sie sind keine Sicherheitsvorkehrungen vorgesehen. Besonders prekär ist die Arbeit der Nietenschläger. Um die Stahlelemente miteinander zu verbinden, werden heiße Nieten (»rivets«) vom »rivet-thrower« zum »rivet-catcher« geworfen, der sie mit einem Lederhandschuh auffangen und noch glühend einschlagen muss und das in luftiger Höhe, bei Wind und Wetter und ohne jegliche Sicherung. Diesen mutigen Jungen und Männern hat bisher niemand ein Denkmal gesetzt, insofern seien sie hier ausdrücklich gewürdigt. Ihre beeindruckende Arbeit und die außerordentlich solide Bauweise der Brücke zahlt sich bis heute aus. Auch 134 Jahre nach ihrer Indienststellung ist sie noch im Betrieb. Bis zu 5000 Arbeiter sind am Bau der Brücke beteiligt. Am 3. März 1890 – nach nur acht Jahren Bauzeit – wird sie für den Bahnverkehr freigegeben. Noch heute wird sie jeden Tag von bis zu 130 Zügen befahren. Seit 2015 ist die Brücke über den Forth UNESCO-Weltkulturerbe. Dank permanenter Instandhaltung ist sie so stabil wie eh und je und wird sicherlich noch viele Jahrzehnte den Zweck erfüllen, für den sie errichtet worden ist: Edinburgh mit Dundee und Aberdeen auf dem Schienenweg miteinander zu verbinden.

# Das Bauwerk, das 2500 Jahre auf sich warten ließ

Geplant war der Kanal von Korinth in Griechenland bereits in der Antike, gebaut wurde er aber erst Ende des 19. Jahrhunderts. Spektakulär ist bis heute die enge, tief in den Fels getriebene Fahrrinne.

37° 56' 4'' N, 22° 59' 2'' E

## Kanal von Korinth

**Ort:** Korinth/Griechenland
**Fertigstellung:** 6. August 1893
**Kosten:** 40 Millionen Französische Franc
**Bauzeit:** 11 Jahre
**Architekten:** Béla Gerster, István Türr
**Material:** Fels
**Gesamtlänge:** 6343 Meter
**Wassertiefe:** 8 Meter
**Breite der Fahrrinne:** 24 Meter

**Manche Träume** brauchen etwas länger, bis sie realisiert werden. Einige brauchen eine kleine Ewigkeit. Vor allem aber brauchen sie Weitsicht, Entschlossenheit und harte Arbeit. Schon vor 2500 Jahren hatte Periander, der Herrscher von Korinth, den Wunsch, den Seeweg um den Peloponnes durch einen Kanal abkürzen. Schiffen, die von einer Seite Griechenlands auf die andere wollten, sollten rund 325 Kilometer erspart werden – und die Reise um das wegen seiner Stürme gefürchtete Kap Malea, das schon viele Seefahrer das Leben gekostet hatte. Die Lösung lag auf der Hand – der Isthmus von Korinth bot sich als der ideale Ort an. Schließlich ist diese Landenge, die den Saronischen Golf vom Golf von Korinth trennt, weniger als sieben Kilometer breit. Und doch wurde Perianders Idee nie in die Tat umgesetzt.

Als Griechenland zum Herrschaftsbereich des Römischen Imperiums zählte, wurde die Kanalidee von Kaiser Caligula um das Jahr 40 herum wieder aufgenommen. Er entsandte Kanalbau-Experten, die schließlich allerdings von dem Projekt abrieten, weil sie fürchteten, es könne zu unkontrollierbaren Überschwemmungen führen.
Im Jahr 67 ließ Kaiser Nero dann aber doch mit dem Bau eines Kanals von Korinth beginnen. 6000 Arbeiter waren im Einsatz. Aber schon bald musste man einsehen, dass das Projekt mit Muskelkraft kaum zu realisieren war, weil weite Teile der Strecke durch massive Gesteinsformationen führten.

Da ein Kanal also offenbar nicht machbar war, löste man das Problem in der Antike durch einen Schiffskarrenweg. Auf diese Weise konnten kleinere Schiffe und ihre Ladung auf dem Landweg über den Isthmus transportiert werden. Der Schiffskarrenweg war eine mit Spurrillen versehene, gepflasterte Straße, auf der schwer beladene Transportschlitten gezogen wurden. Die Spurrillen sorgten dafür, dass das Gefährt leichter zu steuern war und nicht ausbrechen konnte.

So richtig Fahrt bekam das Kanalbauprojekt dann gegen Ende des 19. Jahrhunderts, als sich zwei günstige Voraussetzungen ergaben. Erstens hatte Alfred Nobel das Dynamit erfunden, und zweitens war Kanalbau nach dem großen Erfolg von Suez gerade ein äußerst angesagtes Geschäft. So wurde 1881 mit dem Bau des Kanals von Korinth begonnen. Als Bauleiter wurden der ungarische Ingenieur Béla Gerster und sein Landsmann, der illustre Bauunternehmer István Türr verpflichtet. Türr hatte eine wildbewegte militärische Vergangenheit, diente in den Armeen unterschiedlicher Nationen, war Freiheitskämpfer in Italien, brachte es zum General und war auch ein geschätzter Unterhändler. Im Zivilleben gründete er ein Unternehmen für Kanalbauten, das ebenfalls sehr erfolgreich war und deshalb den Auftrag für den Bau des Kanals von Korinth erhielt. Möglicherwiese war Türr aufgrund seiner militärischen Laufbahn auch schon mit dem Gebrauch von Dynamit vertraut. Sprengstoff war jedenfalls der Schlüssel für den Kanalbau.

Von Menschenhand geschaffen: Die Seitenwände des Kanals sind 84 Meter hoch, auf Höhe der Wasserlinie ist er etwa 24 Meter breit.

# Lange geplant: Nach mehr als 2500 Jahren wurde die Idee vom Kanal von Korinth endlich in die Tat umgesetzt. Die Erfindung des Dynamits brachte den Durchbruch.

Als König Georg I. von Griechenland im Mai 1882 den offiziellen ersten Spatenstich setzte, ergänzte seine Gattin Olga den symbolischen Akt, indem sie die erste Dynamitladung zündete. Türr und Gerster folgen beim Bau des Kanals dann tatsächlich der Route, die schon von den Römern angedacht worden war – schnurgerade, der kürzeste Weg von Golf zu Golf, 6343 Meter lang.

Was einst für den Herrscher Periander und später für Kaiser Caligula ein unüberwindbares Hindernis war, wurde nun durch den Einsatz von Dynamit machbar: Die Strecke durch den Berg wurde freigesprengt. Mehrere Millionen Kubikmeter Abraum wurden über eine Eisenbahnroute abtransportiert.

Doch dann stießen die Ingenieure auf eiszeitliche Mergelschichten im Fels. Dieses poröse Gestein neigt unter Wassereinwirkung zu Ab- und Auflösungserscheinungen. Also mussten die Mergel-Passagen durch Mauerwerk gesichert werden, was dazu führte, dass nicht nur die Kosten immens

Großer Umweg: Vor dem Bau des Kanals mussten die Schiffe den Peloponnes umrunden, was ihre Reise um 185 Seemeilen verlängerte.

Enttäuschte Hoffnung: Die Erwartungen auf großen wirtschaftlichen Profit erfüllten sich nicht. Heute ist die Durchfahrt vor allem für Touristenschiffe interessant

stiegen, sondern sich auch die Bauzeit um mehrere Jahre verlängerte.

Noch bevor der Kanal vollendet war, gingen die französischen Finanziers bankrott und die Kanalbaustelle fiel an den griechischen Staat. Auch er hatte kein Geld, um weiterzumachen, und so sprang der ebenso reiche wie clevere Bankier Andreas Syngros ein, der hier ein gutes Geschäft witterte und zugleich eine Möglichkeit sah, sich ein Denkmal zu setzen. Am 6. August 1893 – nach elf Jahren Bauzeit – wurde der Kanal feierlich eröffnet. Georg I. und seine Frau Olga legten die knapp sechseinhalb Kilometer lange Strecke an Bord der königlichen Yacht zurück. Heute nutzen im Schnitt täglich 30 Schiffe die Passage. Meistens Fähren oder kleine Kreuzfahrtschiffe. Die Fahrt durch die 84 Meter hohen und engen Steilwände des Kanals von Korinth sind wahrhaft ein unvergessliches Erlebnis. Die Wassertiefe beträgt 8 Meter, an der Wasserlinie ist das Kanalbett 24 Meter breit. Es verengt sich nach unten auf bis zu 21 Meter. Die obere lichte Weite des Einschnitts misst im Schnitt 75 Meter. Die Wände ragen extrem steil auf, mit einem Winkel von 71–77°.

Abgesehen von einigen Felsstürzen, arbeitet der Kanal seitdem reibungslos – und war dennoch von Anfang an eine wirtschaftliche Enttäuschung. Die prognostizierten Frachtzahlen wurden nie erreicht. Die Schiffe wuchsen schnell über die Kapazität des Kanalbeckens hinaus. Bessere Motorisierungen machten es möglich, den Peloponnes zügig und gefahrlos zu umschiffen. Ohnehin war die Abkürzung – 325 Kilometer – nie ein wirklich triftiges Argument für den Kanal. Zum Vergleich: Die Wegersparnis durch den Suez-Kanal liegt bei mehr als 7000 Kilometern, beim Panama-Kanal sind es gar 15 000 Kilometer. Es war wohl die Kanal-Euphorie der Zeit, die das Projekt möglich machte – und vielleicht auch die Verlockung, einen alten Menschheitstraum wahr werden zu lassen.

Brooklyn Bridge

# Die Brücke, die eine Stadt verschwinden ließ

Brooklyn war einmal die drittgrößte Metropole der USA. Doch dann wurde die Brooklyn Bridge gebaut – und die Stadt wurde zu einem Teil von New York. Die Brücke ist heute eines der Wahrzeichen Amerikas. Ihre Entstehung erzählt eine spektakuläre Geschichte.

40° 42' 21'' N, 73° 59' 48'' W

## Brooklyn Bridge

**Ort:** New York/USA
**Fertigstellung:** 24. Mai 1883
**Kosten:** 15,2 Millionen US-Dollar
**Bauzeit:** 13 Jahre
**Architekten:** John und Washington Roebling
**Material:** Stein, Stahl
**Gesamtlänge:** 1833 Meter
**Durchfahrtshöhe für Schiffe:** 41 Meter

**Davon, was sich** am 17. Mai 1883 auf der soeben fertig gestellten Brooklyn Bridge ereignete, existieren zwei Versionen. Die eine besagt, dass an diesem Tag gar nichts Besonderes passierte. Die andere erzählt folgende Geschichte: Um die Stabilität der Brücke zu demonstrieren, wurde der berühmte Zirkusmagnat P. T. Barnum kontaktiert und gebeten, 21 Elefanten und noch einige Dromedare in einer Parade über die Brücke laufen zu lassen. Barnum, der als Erfinder des modernen Show-Business gilt, soll die PR-Aktion durchgezogen haben. Wahr oder unwahr? Man weiß es nicht. Aber die Story passt gut zur Entstehung einer Brücke, die neue Maßstäbe setzen wollte, und bis heute – neben der Freiheitsstatue und dem Empire State Building – eine der historischen Ikonen New Yorks ist.

Alles begann mit einem Mann, der davon träumte, Großes zu schaffen. Johann August Roebling studierte an der Königlichen Bauakademie in Berlin Brückenbau und Ingenieurwesen. Doch Preußen wurde ihm schnell zu klein. 1831 wanderte er in die USA aus und ließ sich in Connecticut nieder. Er erhielt kleine Aufträge für öffentliche Bauten, betrieb nebenbei Landwirtschaft. Insgeheim beschäftigte ihn die Idee, eine Brücke über den East River zu bauen, um eine feste Verbindung zwischen der größten und der drittgrößten Stadt der USA herzustellen – New York und Brooklyn. Er träumte davon, dass diese Brücke sein Meisterwerk werden und ihn berühmt machen würde. Weil jedoch keine der beiden Städte einen Bauplan hegte und es folglich auch keine Ausschreibung gab, schlug er kurzerhand den Stadtverwaltungen das aufsehenerregende Brückenprojekt vor. Doch dort reagierte man ungläubig und zögerlich. Die größte Hürde: Wie sollte das Mammutprojekt finanziert werden? Roebling aber blieb am Ball. Es gelang ihm, Investoren für die Idee zu gewinnen und – noch wichtiger – ein Gesetz zu erwirken, das es einer privaten Gesellschaft erlaubte, ein derartiges Infrastrukturprojekt ohne die Zustimmung der Stadträte zu realisieren. Im Jahr 1867 wurde zu diesem Zweck die New York Bridge Company gegründet, deren Chefingenieur Roebling zwei Jahre später wurde. Er stand kurz davor, ein Bauwerk zu errichten, wie es die Welt noch nicht gesehen hatte. Aber das Schicksal hatte andere Pläne. Bei einem Unfall auf einer Fähre zog er sich eine Wunde am Bein zu, die sich infizierte. Johann August Roebling starb an Wundstarrkrampf und konnte nie verwirklicht sehen, was er auf dem Papier entworfen hatte: eine spektakuläre Hängebrücke über den East River mit 84 Meter hohen Granittürmen, die dem Bauwerk die Aura einer Kathedrale verleihen. Eine kühne und zugleich elegante Konstruktion, die in die Zukunft weist und sich dort als robust und tragfähig erweisen wird.

Was den visionären Brückenbauer glücklich gemacht hätte: Sein Sohn Washington, ebenfalls Bauingenieur, trat in seine Fußstapfen. Er übernahm die Koordination der Bauarbeiten, als am 3. Januar 1870 begonnen wurde, die Fundamente auszuheben. Zum ersten Mal in der Geschichte der USA wurden Senkkästen eingesetzt: mit Druckluft gefüllte Arbeitsboxen aus Holz, die im Wasser versenkt wurden, um

Kein anderes Bauwerk hat die Stadtgeschichte New Yorks so stark geprägt wie die Brooklyn Bridge.

Große Herausforderung: Von Anfang an war klar, dass der Schlüssel zum Erfolg die sichere Gründung der Pfeiler auf dem Boden des East River sein würde.

am Flussgrund graben zu können. Das Verfahren war kaum erprobt. Man wusste nur wenig über die Notwendigkeit der Dekompression, also die kontrollierte Verminderung des Drucks zur Verhinderung der Dekompressionskrankheit. Immer wieder kam es zu schweren Unfällen. Zur Überprüfung der Arbeiten an den Pfeilerfundamenten stieg auch Washington Roebling in einen Senkkasten. Beim Auftauchen bildeten sich Gasbläschen im Blut. Er hatte noch Glück und überlebte die Dekompressionskrankheit, blieb allerdings für den Rest seiner Tage an den Rollstuhl gefesselt.

Seine Frau Emily übernahm daraufhin die Bauleitung, obwohl sie keinerlei fachliche Qualifikation besaß. Aber sie hatte Unterstützung: Washington Roebling verfolgte die Fortschritte auf der Baustelle mithilfe eines Teleskops, das er in seiner Wohnung in 110 Columbia Heights in Brooklyn aufgestellt hatte. Jeden Abend ließ er sich von Emily Details berichten. Sie tauschten sich aus, überlegten gemeinsam. Er gab ihr Instruktionen, sie setzte sie auf der Baustelle um. So gelang es dem Paar, gemeinsam den Brückenbau zu koordinieren.

Elegante Konstruktion: Die Brooklyn Bridge war die erste Hängebrücke der Welt, für die Tragkabel aus Stahl verwendet wurden.

## Kostspieliges Monument: Die Fertigstellung des Bauwerks verschlang 15,2 Millionen Dollar.

Am 24. Mai 1883 hatte Emily Warren Roebling die Ehre, als erster Mensch die Brooklyn Bridge zu überqueren. Wie groß das Interesse an der neuen Verbindung war, lässt sich anhand von Zahlen belegen. Allein am ersten Tag überquerten 1800 Fahrzeuge und 150 300 Fußgänger die Brücke. Das Projekt lohnte sich daher auch für die Investoren. Fußgänger zahlten einen Cent Gebühr, für Fuhrwerke wurden fünf Cent fällig. So wurden binnen 24 Stunden 1593 Dollar eingenommen. Nach drei Jahren hatte die Brücke bereits rund 1,6 Millionen Dollar in die Kassen gespült. Die Fertigstellungskosten hatten 15,2 Millionen Dollar betragen, darin enthalten waren 3,8 Millionen für den Erwerb der benötigten Grundstücke.

Wie kein anderes Bauwerk zuvor oder danach veränderte die Brooklyn Bridge die Stadtgeschichte New Yorks. Der East River hatte die beiden nebeneinander wachsenden und prosperierenden Städte Brooklyn und New York mehr als 200 Jahre voneinander getrennt. Lediglich ein mühsamer und kostspieliger Fährverkehr hatte einen Austausch möglich gemacht und zugleich begrenzt. Mit der Fertigstellung der Brücke entstand ein nie da gewesener Strom von Waren und Arbeitskräften. Und wie so oft in vergleichbaren Situationen war auch hier der größere Partner der Gewinner. New York erschloss sich mit der Anbindung Brooklyns neue Märkte, mehr Arbeitskräfte, größere Ressourcen. Die Sogwirkung war enorm und nicht mehr umkehrbar: 15 Jahre nach der Einweihung der Brooklyn Bridge verschwand Amerikas drittgrößte Metropole als eigenständige Stadt von den Landkarten – Brooklyn wurde 1898 von New York eingemeindet und ist heute mit über zwei Millionen Einwohnern der bevölkerungsreichste Stadtteil von Greater New York.

Endlich vereint: Der East River – ein Meeresarm mit starkem Gezeitenstrom – hatte die Städte Brooklyn und New York mehr als 200 Jahre lang getrennt.

# Eine Brücke für Schiffe

Das niederländische Veluwemeer-Aquädukt bietet Autofahrern einen ungewohnten Anblick. In einem wassergefüllten Trog überqueren Schiffe die Landstraße.

52° 21' 39.47'' N, 5° 37' 6.74'' E

## Veluwemeer-Aquädukt

**Ort:** Harderwijk/Niederlande
**Fertigstellung:** 2002
**Kosten:** ca. 40 Millionen Euro
**Bauzeit:** 3 Jahre
**Material:** Stahl, Beton
**Gesamtlänge:** 25 Meter
**Breite:** 19 Meter
**Tiefgang:** 3 Meter

**Die N302 verbindet** die künstlich angelegte Insel Flevoland mit dem niederländischen Festland. Wer hier mit dem Auto unterwegs ist, wird Zeuge eines seltsam anmutenden Schauspiels. Kurz vor dem Städtchen Harderwijk wird die Straße unter dem Veluwemeer-Aquädukt hindurchgeführt. Während also oben Segelboote kreuzen, fließt unter dem Wasser der Autoverkehr. Es scheint eine verkehrte Welt zu sein, in der Schiffe über eine Brücke fahren, die eine Straße überquert. Doch für diesen ungewöhnlichen architektonischen Einfall gibt es gute Gründe.

Der Begriff Aquädukt stammt aus dem Lateinischen und setzt sich aus den Begriffen Aqua (Wasser) und ducere (führen) zusammen. Die antiken Römer waren nicht die ersten, die Aquädukte konstruierten, wenngleich sie große Meisterschaft in dieser Bautechnik entwickelten. In der Antike wurden Aquädukte vor allem zur Trinkwasserversorgung von Städten erbaut. Aber wie das Veluwemeer-Aquädukt zeigt, lassen sich mit dieser Technik auch Schiffsbrücken bauen. Die Entstehung des Veluwemeer-Aquädukts ist eng mit der Geschichte und der geographischen Entwicklung der Niederlande verknüpft. 1931 wurde mit der Errichtung des sogenannten Abschlussdeichs die Zuiderzee, eine Ausbuchtung der Nordsee, zu Hollands größtem Binnensee – dem Ijsselmeer. Dieses Gebiet wurde nach und nach in Teilen trockengelegt. So entstanden sogenannte Polder, künstlich gewonnene Landflächen, die alsbald für die Landwirtschaft und zur Besiedlung freigegeben wurden. Auf diese Weise trotzten Wasserbauingenieure einem Areal, das früher von Nordseewasser bedeckt war, die größte künstliche Insel der Welt ab: Flevoland. Die Insel liegt noch heute im Schnitt vier Meter unter dem Meeresspiegel und hat eine Fläche von rund 970 Quadratkilometern. Flevoland wird von drei künstlichen Seen umfasst: Goolmeer, Wolderwijd und Veluwemeer. Diese Gewässer galt es seinerzeit, für eine Straßenverbindung mit dem Festland zu überwinden oder eben zu »unterwandern«. Die Idee eines Tunnels wurde ebenso verworfen wie eine Straßenbrücke, beides erschien zu aufwendig und kostspielig. Und so kamen niederländische Ingenieure schließlich auf die Idee, hier eine Trogbrückenkonstruktion zu entwerfen, die in der Lage ist, Wasser zu führen und Binnenschifffahrt zu ermöglichen.

Mit dem Bau wurde 1999 begonnen. Während der Arbeiten wurde die Baustelle mit der sogenannten Kofferdamm-Technik vom Wasser der Binnenseen abgeschottet. Der Trog wurde aus 22 000 Kubikmetern Beton gegossen. Im Jahr 2002 war das Aquädukt bereits fertiggestellt.

Eine massive Stahlkonstruktion trägt die Schiffsbrücke, die mit einer Gesamtlänge von nur 25 Metern zu den kürzesten Aquädukten der Welt zählt. Sie ist 19 Meter breit und hat einen Tiefgang von nur 3 Metern – tief genug für Segelboote und Binnenschiffe.

Wer das Aquädukt aus der Luft betrachtet, stellt fest, wie elegant und harmonisch es sich in die niederländische Polderlandschaft einfügt. Das Monument stellt ein hervor-

Verkehrte Welt: Oben bahnen sich Segelyachten den Weg durchs Wasser, unten braust der Autoverkehr.

Mitten in der Polderlandschaft: Die 25 Meter lange Wasserbrücke kurz vor Harderwijk ist eine architektonische Schönheit. Ohne Hubkonstruktionen oder Schleusen können Schiffs- und Autoverkehr ungehindert fließen.

ragendes Beispiel für minimalinvasives Bauen dar und ist wunderbar funktional. Ohne Hubkonstruktionen, Schleusen oder gigantische Brückenbauten fließen Schiffs- und Autoverkehr, ohne sich gegenseitig zu behindern.

28 000 Fahrzeuge unterqueren den Veluwemeer-Aquädukt täglich auf vier Fahrspuren, daneben verlaufen Radwege. Auch zu Fuß ist der Aquädukt passierbar. Und: Fische und andere Wasserlebewesen können sich dank dieser Lösung ungehindert zwischen den Binnenseen bewegen.

Das Wasser geteilt: Mit einer Länge von nur 25 Metern gehört das Veluwemeer-Aquädukt zu den kürzesten der Welt.

# Baustein des Lebens

Das Leben, nachgebildet in einem Bauwerk? Die Fußgängerbrücke »The Helix« in Singapur rekonstruiert aus Stahlrohren die Doppelhelixstruktur des Genoms – und gewinnt, kaum fertiggestellt, einen renommierten Architekturpreis.

**1° 17' 15.44'' N, 103° 51' 38.15'' E**

## The Helix

**Ort:** Singapur
**Fertigstellung:** 24. April 2010
**Kosten:** ca. 68 Millionen Dollar
**Planung:** COX Group, ARUP, Architects 61
**Bauzeit:** 3 Jahre
**Material:** rostfreier Stahl
**Gesamtlänge:** 280 Meter
**Durchfahrthöhe:** 8,8 Meter

**Singapur** hat etwa die Fläche der Stadt Hamburg und ist damit der kleinste ostasiatische Staat. Singapur ist aber auch eines der reichsten Länder der Erde, und der Wohlstand ist hier gerechter verteilt als anderswo: Die Grundeinkommen sind hoch. Fast 92 Prozent der Einwohner wohnen in einer Immobilie, die ihnen gehört. Und obwohl hier 5,7 Millionen Menschen unterschiedlicher ethnischer Herkunft und Religion auf engstem Raum leben, gibt es kaum Spannungen oder gar Gewaltausbrüche. Das liegt sicher am vorbildlichen sozialen Gefüge, vielleicht aber auch an den drakonischen Körperstrafen, die schon für Ordnungswidrigkeiten verhängt werden können. Singapur ist ein Land der Widersprüche – für seine Strenge berüchtigt, für seine Weltoffenheit bekannt. Zu dieser Weltoffenheit gehört auch die Liebe zu moderner und experimenteller Architektur. Spektakuläre Bauten wie das stachelförmige Esplanade Theater oder die überdimensionalen Schirme am Clarke Quay sind Markenzeichen Singapurs.

Mit Aufsehen erregenden Hightech-Bauten hat sich Singapur eine eigene Identität verliehen. Zu ihnen zählt auch die 2010 eröffnete Helix-Bridge. Sie ist Bestandteil eines Wanderwegs, der sich durch den Stadtteil Marina Bay windet. Die 280 Meter lange Fußgänger-Brücke stellt allerdings weit mehr als nur eine Möglichkeit dar, den Marina Channel zu überqueren und die schöne Aussicht zu genießen. Die Brücke selbst ist eine bauliche Attraktion. Filigran glitzert sie in der Sonne. Wer sich auf sie zu bewegt, gerät unweigerlich in den optischen Sog der Stahlspirale, die zum Betreten auffordert. Um sie zu erschaffen, wurden 650 Tonnen Duplex-Stahl und 1000 Tonnen Carbon-Stahl zu Streben gebogen, die zusammengefügt die Struktur des Lebens darstellen: ein begehbarer DNA-Strang in Form einer Doppel-Helix. Aus dem Biologie-Unterricht wissen wir, dass so die genetische Struktur eines jeden Lebewesens aussieht. Ursprünglich war die Form eines Fischernetzes geplant. Das wurde aber zugunsten der Helix-Idee verworfen, die für Leben, Beständigkeit, Erneuerung und Wachstum Singapurs stehen soll.

An vier Stellen der Helix-Bridge befinden sich Aussichtsplattformen, die atemberaubende Ausblicke auf die urbane Landschaft Singapurs bieten. Der obere Teil der Helix-Röhre ist partiell mit Elementen aus Lochblechen und sogenanntem Fritte-Glas versehen, um Spaziergänger tagsüber vor der starken Sonneneinstrahlung zu schützen. Fritte-Glas ist ein poröses Material, das als Zwischenprodukt bei der Herstellung von Glas- oder Keramikschmelzen entsteht. Obendrein sind die Stahlstreben der Spirale mit unzähligen LEDs bestückt, die die gesamte Brückenkonstruktion bei Dunkelheit in ein Farbenmeer tauchen. Die Leuchten sind so angeordnet, dass sie nachts die vier Buchstaben »C«, »G«, »A« und »T« bilden. Sie stehen für die Nukleinbasen der DNA: Cytosin, Guanin, Adenin und Thymin.

Entstanden ist die Brücke im Rahmen eines international ausgeschriebenen Architekturwettbewerbs im Jahr 2006. Dabei konnte sich ein Team aus dem australischen Architekturbüro Cox Architecture, dem Architects 61 aus Singa-

Höher, größer, weiter: Singapur besitzt aufsehenerregende Hightech-Bauwerke. Die 2010 eröffnete Helix-Bridge ist eines davon.

Spektakuläre Formgebung: Bereits im Jahr ihrer Eröffnung 2010 gewann die Brücke im berühmten Stadtteil Marina Bay die Auszeichnung als »weltbestes Verkehrsgebäude«.

pur sowie dem etablierten internationalen Ingenieurbüro Arup gegen 35 Konkurrenten durchsetzen und erhielt den Zuschlag. Die Aufgabe bestand darin, ein Bauwerk zu erschaffen, dass Singapur als global vernetzte Stadt darstellt. Baubeginn war im Jahr 2007. Die jeweils elf Meter langen Stahlelemente wurden über den Marina-Kanal zur Baustelle transportiert und vor Ort – von Nord nach Süd – zusammengefügt. Eröffnet wurde die Brücke am 24. April 2010. Die Helix-Brücke galt schon beim Bau als architektonische Sensation und gewann, kaum fertiggestellt, den renommierten Architekturpreis »World Best Transport Building« (bester Verkehrsarchitektur-Entwurf der Welt).

Die Konstrukteure erläuterten, dass man beim Betreten der Helix-Bridge in das Leben selbst eintauche. Angemerkt sei an dieser Stelle, dass die Form der Doppelspirale kein in der Natur bekanntes Genom, sondern ein erfundenes darstellt.

Von menschlicher DNA inspiriert: 650 Tonnen Duplex-Stahl und 1000 Tonnen Carbon-Stahl wurden zu Streben gebogen, die die Strukturen des Lebens abbilden.

# Hundert Meter in die Tiefe

Der Drei-Schluchten-Staudamm am Jangtsekiang ist eines der spektakulärsten Bauprojekte der Menschheitsgeschichte. Er produziert unvorstellbar große Mengen Strom. Doch wie können Schiffe die 113 Meter hohe Staumauer überwinden? Mithilfe eines gigantischen Schiffshebewerks, geplant und entwickelt unter anderem von deutschen Ingenieuren.

**30° 49' 23.36'' N, 111° 0' 14.13'' E**

Monument der Macht: Der Drei-Schluchten-Damm in China ist die weltgrößte Talsperre – und das stärkste Wasserkraftwerk der Erde.

## Drei-Schluchten-Schiffshebewerk

**Ort:** Yichang/China
**Fertigstellung:** 2016
**Kosten:** ca. 20 Milliarden Euro
**Bauzeit:** 7 Jahre
**Planung:** Krebs und Kiefer u. a.
**Material:** Beton, Stahl
**Gesamthöhe:** 168 Meter
**Durchfahrtshöhe:** 15 Meter

**Der Jangtsekiang** ist mit 6380 Kilometern der längste Strom Chinas und der drittlängste der Erde. Von seiner Quelle im tibetischen Hochland fließt er durch das Rote Becken, dann durch die Drei Schluchten, um schließlich bei Shanghai ins Ostchinesische Meer zu münden. Westlich der Stadt Yichang, in Chinas Hubei-Provinz, findet sich am Jangtsekiang ein Mega-Bauwerk, wie es auf der Welt kein zweites gibt. Ursprünglich als technisches Wunder gefeiert, wird der Drei-Schluchten-Staudamm aber auch als massive Gefahr für die Umwelt betrachtet.

Am 14. Dezember 1994 wurde im Rahmen einer Eröffnungsfeier der Baubeginn des riesigen Staudamms verkündet – trotz immenser Widerstände aus den Reihen des Militärs, das in der Staumauer ein Angriffsziel für terroristische Anschläge befürchtete. Andere Kritiker hatten Angst vor Erdbeben, ausgelöst durch den enormen Druck des angesammelten Wassers: Bis zu 22 Milliarden Kubikmeter können hier aufgestaut werden.

Für den Bau des Staudamms wurden zwei Millionen Menschen umgesiedelt. Bis zu vier Millionen Anwohner mussten in der Folgezeit die Region verlassen, weil eine dichte Besiedlung entlang des aufgestauten Wassers zu riskant erschien. Die Uferzone des Stausees erstreckt sich über 660 Kilometer. Immer wieder kam und kommt es in Uferbereichen zu massiven Erdrutschen.

Die Talsperre dient heute der Energiegewinnung sowie der Regulierung der Wasserstände des Jangtse und soll helfen, verheerende Hochwasser, die sich in der Vergangenheit immer wieder ereigneten, zu verhindern. Doch die 2335 Meter lange und 168 Meter hohe Staumauer stellte zunächst auch ein unüberwindbares Hindernis für die Flussschifffahrt dar. Im Jahr 2003 ging eine Schleusentreppe in Betrieb, die aus zweimal fünf Schleusen besteht. Die Durchfahrt durch das Schleusenlabyrinth dauert bis zu dreieinhalb Stunden – für die Frachtschifffahrt kein Problem. Doch der Jangtse – und vor allem der Abschnitt mit den legendären drei Schluchten – ist auch ein wichtiger touristischer Magnet. Reisenden auf Passagierschiffen mochte man die lange Schleusenzufahrt nicht zumuten. Also dachte man über eine Lösung nach, die die Überwindung der Staumauer in viel kürzerer Zeit ermöglichen würde. Und zugleich sollte das Bauwerk ein Statement für die Größe, den Einfallsreichtum und die technischen Möglichkeiten des neuen China werden.

So wurde den Drei Schluchten ein weiterer Superlativ hinzugefügt: das größte Schiffshebewerk der Welt. Maximale Hubhöhe 113 Meter. Der Plan: Passagierschiffe sollten in weniger als einer Stunde von einer Ebene auf die andere gelangen. Die technischen Herausforderungen waren gewaltig.

Auf den ersten Blick wirkt das Schiffshebewerk wie ein Hochhauskomplex. Das Herzstück des Hebelifts besteht

Noch ein Superlativ: Unmittelbar neben der riesigen Staumauer steht das größte Schiffshebewerk der Welt. Maximale Hubhöhe: 113 Meter.

Historische Ausmaße: Das Projekt der Drei-Schluchten-Talsperre wurde seinerzeit auf Drängen von Parteiführer Deng Xiaoping verwirklicht. Er wählte einen gewaltigen Vergleich: Es sei genauso bedeutend wie die 2000 Jahre alte Große Chinesische Mauer.

aus einem stählernen, mit Wasser gefüllten Trog, in dem ein Passagierschiff mit einer Verdrängung von bis zu 3000 Tonnen Platz findet. Dieser 132 Meter lange, 23 Meter breite und 10 Meter tiefe Trog wird – mitsamt Schiff – in einer Geschwindigkeit von 0,2 Metern pro Sekunde in die Höhe gehoben (Bergfahrt) – oder in der Gegenrichtung abgesenkt (Talfahrt). Dabei bietet sich den Passagieren an Bord ein atemberaubender Ausblick in die Tiefe und Weite der Flusslandschaft.

Schiffshebewerke sind im Grunde Doppelwesen – sie sind Gebäude und Maschine zugleich. Das Drei-Schluchten-Hebe-

Hoch hinaus: Auf den ersten Blick wirkt das Schiffshebewerk am Drei-Schluchten-Staudamm wie ein Hochhauskomplex. Mit seiner maximalen Hubhöhe von 113 Metern kann es Schiffe mit einer Verdrängung von bis zu 3000 Tonnen befördern. Damit ist es das größte und komplexeste der Welt.

werk besteht aus zwei parallel angeordneten Betontürmen, in deren Mitte der riesige Trog durch eine Hebemechanik bewegt wird. Für die Fundamente der Türme wurde eine Baugrube von 36 Metern Tiefe ausgehoben. Der Baugrund selbst besteht aus massivem Fels. Die Güteklasse des verwendeten Betons verspricht eine Haltbarkeit von bis zu 100 Jahren.

Belastbarkeit und Dauerhaftigkeit waren bei der Bauausführung oberstes Gebot. Aber wie kann es gelingen, einen mit Wasser gefüllten Pool, in dem ein 3000 Tonnen schweres Schiff schwimmt, auf eine Höhe von über 100 Metern zu heben – ohne dass dabei nur ein Liter Wasser überschwappt? Die Lösung des Problems liegt in einem exakt dimensionierten Gewichtsausgleich. Der Trog wird mitsamt seiner Beladung durch Stahlseile, die mit Gegengewichtspaketen versehen sind, ausbalanciert. Nach oben – oder nach unten – wird die kolossale Masse mittels eines Zahnstangenantriebs und einer Drehspindel bewegt, angetrieben von vier leistungsstarken Elektromotoren.

Bei der Planung wurden auch denkbare Katastrophenszenarien berücksichtigt, etwa Erdbeben, Schiffskollisionen oder der plötzliche Wasserverlust des Trogs. Die Aufhängung wird über eine Konstruktion aus 128 Stahlseilen mit ihren Gegengewichtspaketen derart ausbalanciert, dass ein unkontrolliertes Schwingen des Trogs verhindert wird. Im Fall eines Erdbebens, einer Havarie mit einem Schiff oder einer plötzlichen Gewichtsverschiebung ist der Ritzelantrieb so konstruiert, dass der Trog über ein Verriegelungssystem arretiert und in jedem Fall gehalten wird. Zusätzlich sorgen im Falle einer seismischen Aktivität spezielle Erdbebenlager dafür, dass die einwirkenden Kräfte so abgeleitet werden, dass es im Trogwasser nicht zu Wellenbewegungen kommt, die das Schiff gefährden würden. Der Sicherheitsstandard der Anlage ist bis zu einer Stufe von VI (stark) auf der zwölfstufigen Mercalliskala für Erdbeben ausgelegt.

Seit 2016 ist die Anlage in Betrieb. Auftraggeber und Bauherr ist die staatliche Chinesische Drei Schluchten Gesellschaft (CTG). An der Planung und Ausführung waren deutsche Firmen maßgeblich beteiligt, federführend das Ingenieurbüro Krebs und Kiefer.

Die Höhe der Zwillingstürme überragt mit 217 Metern deutlich den Kölner Dom. Der Vergleich ist stimmig: Das Hebewerk stellt eine Kathedrale des modernen China dar – ein Monument der Macht und der Machbarkeit.

Der zweite Weg: Neben dem Schiffshebewerk gibt es für die großen Frachter eine fünfstufige Doppel-Schleusentreppe.

50E97472

# Perfektes Provisorium

Am Trent-Severn-Kanal in Kanada sollte im Jahr 1917 eine weitere Schleuse gebaut werden. Aber dann wurde das Geld knapp, und so improvisierte man eine etwas kuriose Slipanlage – genannt »die große Schienen-Wasserrutsche«. Was ursprünglich als Übergangslösung gedacht war, funktioniert 90 Jahre lang wunderbar.

44° 53' 5'' N, 79° 40' 26.9'' W

## Big Chute Marine Railway

**Ort:** Georgian Bay/Kanada
**Fertigstellung:** 1917/1923/1978
**Kosten:** ca. 3 Millionen kanadische Dollar (1978)
**Bauzeit:** 1976–1978
**Material:** Stahl
**Bauherr:** Parks Canada

**Flüsse sind nicht immer** und überall gleichermaßen schiffbar. Auf so manchem Wasserweg gibt es Hindernisse, die überwunden werden müssen. Das können Untiefen sein, Stromschnellen oder Höhenunterschiede. Manchmal kann es auch darum gehen, eine Abkürzung zu nehmen, die weite Umwege auf dem Fluss erspart.

In Werner Herzogs berühmtem Spielfilm »Fitzcarraldo« aus dem Jahr 1982 gibt es eine Szene, in der ein 40 Meter langer, 160 Tonnen schwerer Flussdampfer mit Muskelkraft von Männern an Seilen aus dem Amazonas über einen Hügel gezogen wird, um ihn auf der anderen Seite wieder ins Wasser gleiten zu lassen. Der Fachbegriff für diese Art des Schiffstransport lautet »Trockenförderung«.

Die älteste Form eines solchen trockenen Schiffshebewerks ist bereits aus dem Ägypten der Pharaonenzeit überliefert. Am Nil gab es Schleppbahnen, auf denen Schiffe mithilfe von Baumstämmen über Land gerollt wurden, um Stromschnellen zu umgehen.

Im Jahr 1917 sollte in Kanada der Trent-Severn-Wasserweg ausgebaut werden, der über eine Strecke von 386 Kilometern den Ontario-See mit dem Lake Huron verbindet. An der Georgian Bay, die zum Lake Huron gehört, gilt es für Schiffe, einen Höhenunterschied von 18 Metern zu überwinden. Eigentlich sah die Planung an dieser Stelle den Bau einer Schleusenanlage vor. Doch die weltpolitische Lage durchkreuzte die Pläne. Als in Europa der Erste Weltkrieg ausbrach, spürte man die Folgen auch im weit entfernten Kanada: Es kam zu einem Arbeitskräftemangel, weil junge Männer eingezogen wurden, um auf britischer Seite gegen das Deutsche Kaiserreich zu kämpfen. Rohstoffpreise stiegen kriegsbedingt an, die Inflation sorgte für Geldknappheit. Eine kostspielige Schleuse ließ sich nicht mehr realisieren. Und so wurde stattdessen eine provisorische Anlage in Auftrag gegeben, die den Job möglichst preiswert erledigen sollte.

Der »Big Chute Marine Railway« war eine ebenso einfache wie pragmatische Lösung. Frei übersetzt bedeutet »Big Chute« in etwa »große Rutsche«. Dahinter verbarg sich eine schienengebundene Slipanlage, bei der ein motorbetriebenes Schienenfahrzeug ins Wasser gefahren wurde – und zwar so weit, dass genügend Tiefgang entstand, damit Schiffe oder Boote in die auf dem Fahrzeug befestigte Wiege (Cradle) manövriert werden konnten. Diese Wiege war eine robuste Konstruktion, die Seitenwände hatte, an der Vorder- und Rückseite aber offen war.

Die originale »Big Chute Marine Railway« wurde 1917 in Betrieb genommen. Sie konnte allerdings maximal zehn Meter lange Schiffe transportieren und erwies sich damit bald als zu klein. 1923 wurde die Anlage abgerissen und durch eine leistungsfähigere der gleichen Bauart ersetzt. Sie konnte immerhin Schiffslängen von mehr als 18 Metern bewältigen. Diese Anlage – ursprünglich nur als Übergangslösung gedacht – war bis 2003 in Betrieb. Sie existiert noch immer und könnte jederzeit reaktiviert werden.

Das Prinzip der trockenen Schiffsbeförderung war für die Betreiber des Severn Kanals, die kanadische Nationalpark-

Große Rutsche: Die Big Chute transportiert Schiffe talabwärts ins tiefer gelegene Gewässer.

Preiswerte Variante: Die Baukosten für die Big Chute betrugen gerade mal drei Millionen kanadische Dollar.

verwaltung »Canada Parks«, so überzeugend, dass die Idee einer Schleusenanlage 1976 endgültig verworfen wurde. Gegen eine Schleuse sprach auch ein Argument, dass mit der Schifffahrt selbst nichts zu tun hatte. In einem Teil der Seen war das Meeresneunauge aufgetreten, ein Parasit, der die Fischbestände bedrohte. Um die Ausbreitung zu verhindern, setzte man weiter auf das Prinzip der Trockenförderung. 1978 nahm eine zusätzliche »Wasserrutsche« den Betrieb auf, damit das erhöhte Verkehrsaufkommen bewältigt werden konnte. Sie ist größer als der alte »Big Chute Marine Railway« und kann bis zu 30 Meter lange Schiffe transportieren. Die Baukosten beliefen sich auf – erstaunlich niedrige – drei Millionen kanadische Dollar. Eine Schleuse hätte etwa das Zehnfache gekostet.

Das Förderprinzip der Wassereisenbahn für Boote ist so simpel wie effektiv. Das Schiff fährt in die im Wasser wartende »Wiege« und wird verzurrt. Dann setzt ein 200 PS starker Elektromotor das Schienengefährt in Bewegung. Dies hebt das Schiff aus dem Wasser und transportiert es auf Schienen talwärts ins tiefer gelegene Gewässer. Sobald das Fahrzeug so weit im Wasser ist, dass das beförderte Schiff genügend Auftrieb hat, werden die Taue gelöst, und es kann seine Fahrt fortsetzen.

Ponte Dom Luis I.

# Im Bogen über den Douro

Die Dom Luìs I. Brücke in Porto, Portugal, war bei ihrer Fertigstellung die größte Bogenbrücke der Welt und eines der elegantesten Bauwerke seiner Art.

41° 8' 23.51'' N, 8° 36' 33.61'' W

Eine Brücke, zwei Ebenen: Oben flanieren die Fußgänger, unten rollt der Straßenverkehr über den Douro.

## Ponte Dom Luis I.

**Ort:** Porto/Portugal
**Fertigstellung:** 1886
**Bauzeit:** 7 Jahre
**Architekt:** Théophile Seyrig
**Material:** Stahl
**Gesamtlänge:** 385 Meter
**Durchfahrtshöhe:** 10 Meter

**Der Entwurf** besticht vor allem durch die Verbindung von Kühnheit, Pragmatismus und Wirtschaftlichkeit. Die Dom Luis I. Brücke, die sich in Porto über den Fluss Douro streckt, war ihrer Zeit voraus: Das damals noch neue Material Stahl ermöglichte eine Konstruktion, die sich im Vergleich zu Brücken aus Gusseisen als belastbarer erweisen sollte. Das Konzept der Bogenbrücke wurde revolutioniert, indem neben dem Deck am Fuße des Bogens eine zweite Fahrbahn oben durch den Bogenscheitel geführt wurde. Durch diese innovative Lösung ließ sich die Verkehrskapazität verdoppeln. Die Dom Luis I. Brücke wurde so zum technischen Geniestreich eines Mannes, der sich aus dem Schatten seines Mentors gelöst hatte. Wie so oft war aus einer Geschäftsfreundschaft eine Feindschaft entstanden. Und wie fast immer ging es dabei um Geld und Gerechtigkeit.

Der französische Ingenieur Gustave Eiffel war in der zweiten Hälfte des 19. Jahrhunderts nicht nur ein gefeierter Baumeister, sondern auch ein gewiefter Geschäftsmann, der die Gabe hatte, sich mit ehrgeizigen und hoch talentierten Mitarbeitern zu umgeben. Einer von ihnen war der junge deutsch-belgische Bauingenieur Théophile Seyrig. Es war Seyrigs Idee, oben durch den Brückenbogen ein Deck zu ziehen. Gemeinsam mit Eiffel hatte er eine ähnliche Konstruktion bereits bei der Eisenbahnbrücke Ponte Maria Pia realisiert, die seit 1877 ein Stück flussaufwärts den Douro überquert. Obwohl Seyrig der konstruktive Kopf hinter dieser Neuinterpretation der Bogenbrücke war, verweigerte Eiffel ihm eine Beteiligung an den Gewinnen. Es folgten Streit, Trennung und langwierige Prozesse sowie eine schmerzhafte Niederlage für den Erbauer des Eiffelturms: Denn den lukrativen Auftrag für die Dom Luìs I. Brücke erhielt nicht Eiffels Firma, sondern ein Konkurrent: die belgische Société de Willebroeck, Seyrigs neuer Arbeitgeber. Ausschlaggebend für diese Entscheidung war die filigrane Eleganz von Seyrigs Entwurf und seine Idee, zwei Decks (statt nur einem) auf unterschiedlichen Ebenen einzuziehen. Dadurch wurde es möglich, den höher- und den tieferliegenden Teil Portos gleichermaßen an die andere Uferseite anzubinden – ohne dass Verkehrsteilnehmer erst den mühsamen Weg in die Unter- beziehungsweise Oberstadt antreten mussten.

Die Bauarbeiten begannen im Frühjahr 1881 unweit der alten Hängebrücke, die zunächst noch in Benutzung war, aber dann durch die neue Bogenbrücke ersetzt werden sollte. Es wurden einige Häuser abgerissen, um Platz für die Fundamente zu schaffen. Bogenbrücken benötigen einen besonders stabilen Grund, weil durch die Spannung des Bogens große Kräfte frei werden und fast das gesamte Gewicht des Bogens – immerhin 1400 Tonnen Stahl – über die Pfeilersockel abgeleitet werden muss. Die Enden der stählernen Bögen ruhen auf großen Lagern aus Stahl, die mit den in den Pfeilern eingearbeiteten Widerlagern verbunden sind. Lager und Widerlager ermöglichen ein gewisses Spiel der Kräfte, wenn sich die Brücke verformt – zum Beispiel durch Temperaturschwankungen oder bei einem Erdstoß.

Verbindung zwischen zwei Städten: Auf der einen Seite Porto, auf der anderen Vila Nova de Gaia.

Die Dom Luis I. Brücke, die sich in Porto über den Fluss Douro streckt, war ihrer Zeit voraus: Das damals noch neue Material Stahl ermöglichte eine Konstruktion, die sich im Vergleich zu Brücken aus Gusseisen als belastbarer und dauerhafter erweisen sollte.

Wären die Brückenenden fest verankert, könnte das Material unter derartigen Belastungen reißen oder brechen. Da sie aber gelagert sind, kann sich die Brücke bewegen und die Kräfte werden dabei in den Untergrund geleitet, ohne dass sie an der Konstruktion Schaden verursachen.

Dabei spielt auch das Material eine wichtige Rolle. Das in dieser Zeit üblicherweise verwendete Gusseisen ist zwar sehr druckfest, neigt aber dazu, bei Zug zu reißen – ein großes Problem beim Brückenbau. Stahl hingegen hält großem Druck stand und ist elastisch.

Zuerst wurde der obere Fahrbahnträger mittels einer Fachwerkkonstruktion mit dem Bogenscheitel verbunden. Er wird von zwei Fachwerkpfeilern, die sich auf den Tortürmen befinden, einem Fachwerkpfeiler am südlichen und zwei kurzen Mauerwerkspfeiler auf den Felsen am Nordhang sowie von zwei Stützen, die am Bogen befestigt sind, getragen. Links und rechts ist die Fahrbahn von auffällig hohen Stahlgeländern eingefasst. Das dient weniger der Sicherheit der Passanten, sondern vielmehr der Versteifung der Fahrbahnkonstruktion. Das obere Deck überspannt in rund 60 Metern Höhe auf einer Gesamtlänge von 385 Metern den Douro. Am 31. Oktober 1886 wird Seyrigs Brücke vom portugiesischen König Ludwig I. (Dom Luìs I.) feierlich eingeweiht. Stilisierte Gaslaternen erhellen die Fahrbahn bei Nacht. Für

Abendstimmung: Die Dom Luis I. Brücke lädt zu einem Spaziergang auf dem oberen Fußweg ein, mit einem atemberaubenden Ausblick auf Stadt und Fluss.

die Einwohner Portos wird die Brücke zum Symbol des Aufbruchs in die Moderne. Das untere Deck wird zwei Jahre später für den Verkehr freigegeben.

Obwohl die Brücke bereits seit fast 140 Jahren in Betrieb ist, hat sie noch lange nicht ausgedient. Sie ist noch immer eine der wichtigsten Verkehrsverbindungen in Porto. Seit 2004 ist das obere Deck Fußgängern und der Metro do Porto vorbehalten, während unten, zehn Meter über der Wasserlinie, noch immer der Autoverkehr fließt. Seit 1996 ist sie Weltkulturerbe. 2013 erfolgte eine umfassende Sanierung, die die altehrwürdige Dom Luìs I. Brücke fit für die Zukunft gemacht hat.

PONTE DOM LUIS I.

1886 wird die Brücke vom portugiesischen König Ludwig I. (Dom Luís I.) feierlich eingeweiht. Stilisierte Gaslaternen erhellen die Fahrbahn bei Nacht.

# Ein Monument für die Ewigkeit

Die Kazarma-Brücke ist ein unscheinbares Bauwerk irgendwo im Nirgendwo des Peloponnes. Und doch ist sie etwas ganz besonders: Sie wurde vor etwa 3300 Jahren errichtet und ist wahrscheinlich die älteste noch intakte Brückenkonstruktion der Menschheit.

37° 35' 37,1'' N, 22° 56' 15,2''

## Kazarma-Brücke

**Ort:** Arkadikó/Griechenland
**Fertigstellung:** ca. 1300 v. Chr.,
**Kosten:** unbekannt
**Bauzeit:** unbekannt
**Architekt:** unbekannt
**Material:** Stein
**Gesamtlänge:** 11,5 Meter
**Höhe:** 4 Meter

**Sie ist leicht zu übersehen** und wurde von der Zeit vergessen: die kleine Natursteinbrücke, die sich abseits der alten Nationalstraße Ethniki Odos 70 unweit des Dorfes Arkadikó befindet. Sie ist nur 11,5 Meter lang, 4 Meter hoch, 4 Meter breit, und sie geleitet eine antike Straße über einen kleinen Bach, der in den Sommermonaten meist ausgetrocknet ist: die Kazarma-Brücke. Doch so unscheinbar sie aussieht, gilt sie als die älteste noch erhaltene Brückenkonstruktion der Menschheitsgeschichte.

Wir schreiben das Jahr 1300 vor Christus. In Ägypten regieren noch die Pharaonen. Der Bau der Akropolis von Athen wird erst in 900 Jahren erfolgen. Doch ist der griechische Peloponnes bereits die Heimat einer vorantiken Hochkultur. Mykene ist die Hauptstadt dieses bronzezeitlichen Reichs, das in seiner größten Ausdehnung weite Teile des heutigen Griechenlands umfasst. Das Volk der Mykener stellt kunstvolle Keramiken her, verfügt über eine eigene Schriftsprache und über ein schlagkräftiges Militär, dessen schnellste

Älter geht es nicht: Auf den ersten Blick ist es ein simpler Steinhaufen. Doch die älteste Brücke der Welt ist noch immer intakt und wird von Fußgängern und Radfahrern genutzt.

Waffe der von Pferden gezogene Streitwagen ist. Nicht nur um Handel treiben zu können, sondern auch, um schnelle Truppenbewegungen zu ermöglichen, haben die Mykener ihr Imperium mit einem Netz von Landstraßen durchzogen. Bei der Wegeplanung verfolgen die Baumeister eine faszinierende Strategie: Im hügeligen Land legen sie ihre Straßen nicht geradlinig, sondern in eleganten Schwüngen an. Diese Bauweise hat den Vorteil, dass Steigungen sanft verlaufen. So werden die Wegstrecken zwar länger, dafür können die Streitwagen aber zügiger vorankommen.

Im Zuge dieser Straßenplanungen werden auch sogenannte Zyklopen-Brücken gebaut, von denen einige bis heute existieren. Die Kazarma-Brücke ist eine von ihnen und die am besten erhaltene. Tatsächlich ist sie auch 3300 Jahre nach ihrer Entstehung noch immer in Benutzung.

Die Konstruktion eines Zyklopen-Mauerwerks ist so einfach wie genial, schon seit der Jungsteinzeit bekannt und im Mittelmeerraum bis in die Bronzezeit hinein verbreitet. Dabei werden große polygonale (vieleckige) Steine so aufeinandergeschichtet, dass sie sich bestmöglich ineinanderfügen. Die Fugen, die dabei entstehen, sind unregelmäßig und weisen keine waagerechten Verläufe auf. Die Steine werden ohne Mörtel gemauert. Teilweise steckt man zur Stabilisierung kleine Steinchen in die Fugen. Die Konstruktion selbst basiert auf einem Kraggewölbe. Dabei werden einzelne Steine überhängend (herauskragend) verbaut, um eine sich nach oben verjüngende Bogenform zu erhalten. Benannt ist diese Bauweise nach den einäugigen Zyklopen, die der Legende nach die Stadtmauern von Mykene erbauten. Es ist eine einfache, primitive Bauweise. Sie erfordert weder Maschinen noch besondere Kunstfertigkeit. Und dennoch überdauert sie die Zeit: Die Kazarma-Brücke ist seit Jahrtausenden ein Teil der griechischen Landschaft. Sie trotzte Wind und Wetter, Erdbeben und ebenso dem menschlichen Hang zur Zerstörung. Ein Monument für die Ewigkeit.

# Das Wasser teilen für ein Welterbe

Das Mose-Projekt ist eines der ambitioniertesten und gewagtesten Vorhaben in der Historie des Küstenschutzes: Um Venedig vor den Fluten des Aqua Alta zu schützen, wurden gigantische Schleusentore konstruiert. Geplant seit den 1990er-Jahren, arbeitet die Anlage tatsächlich seit 2020 – mit Erfolg. Trotzdem bleibt sie umstritten.

**45° 26' 15'' N, 12° 20' 9'' E**

Bei Hochwassermarken über 110 cm werden alle Lagunenzufahrten mit riesigen Stahlelementen abgeriegelt.

## Mose-Projekt

**Ort:** Venedig/Italien
**Fertigstellung:** 2020
**Kosten:** ca. 6 Milliarden Euro
**Betriebs- und Instandhaltungskosten:** ca. 20 Millionen Euro p.a.
**Bauzeit:** 17 Jahre
**Planung und Bauausführung:** Consorzio Venezia Nuova
**Material:** Stahl
**Höhe und Breite der Fluttore:** 20 x 30 Meter

**Wieviel darf es kosten,** eine Stadt, die zudem noch Weltkulturerbe ist, vor dem Untergang zu bewahren? Zwei Milliarden Euro? Sechs Milliarden? Oder noch mehr? Das ist nur eine der strittigen Fragen, die das wohl größte und unwägbarste Küstenschutz-Projekt unserer Zeit begleitet. Der Ort des Geschehens: Venedig – und die Lagune, die regelmäßig das berüchtigte Hochwasser Aqua Alta in die auf Eichenpfählen gegründete Stadt spült. Fakt ist: Wasserschäden nagen an der historischen Bausubstanz. Auf der Liste der durch steigende Meeresspiegel bedrohten Orte steht Venedig somit ganz weit oben.

Was also tun, um die Stadt mit ihren legendären Baudenkmälern und den kostbaren Kunstschätzen vor dem Versinken zu retten? Mit einer gigantischen technischen Lösung – einem Bauprojekt von nie da gewesenen Ausmaßen – will die Stadt versuchen, das Unmögliche möglich zu machen.

Blicken wir zurück: 1966 ist das Jahr, in dem den Venezianern klar wird, dass ihre Stadt buchstäblich auf Wasser gebaut ist: Eine Sturmflut überspült den berühmten Markusplatz. Der Pegel kommt erst bei 194 cm über Normalnull zum Stehen. Die Gebäudeschäden sind beträchtlich, und man stellt sich die Frage, ob und wie Venedig unter solchen Umständen in Zukunft überleben kann?

18 Jahre später wird eine Machbarkeitsstudie in Auftrag gegeben. Sie soll untersuchen, wie ein moderner Küstenschutz Venedigs unter Berücksichtigung der hydrogeologischen Situation der Lagune aussehen könnte. Ein Damm kommt nicht in Frage, denn Venedigs Lagune ist zugleich der Hafen der Stadt und auf permanenten Wasseraustausch angewiesen. Ministerpräsident Benito Craxi kündigt daraufhin den Bau eines versenkbaren Sperrwerks an. 1995 soll es in Betrieb gehen. Doch wie sich zeigen wird, ist das kein realistischer Zeitplan.

Das gigantische Bauwerk, das Venedig schützen soll, trägt den Namen MOSE – benannt nach dem biblischen Moses, der das Meer teilt, um die Israeliten vor dem Zugriff des Pharaos zu retten. MOSE ist aber auch die Abkürzung für das größte mechanische Sturmflutsperrwerk der Welt. Die vier Großbuchstaben stehen für »Modulo Sperimentale Elettromeccanico«, also »experimentelles elektromechanisches Modul« und bezeichnet ein System aus beweglichen Schleusen an den Eingängen der Lagune von Venedig, um die Stadt und das gesamte Lagunenökosystem vor Hochwasser zu schützen. Die mobilen Schleusentore bilden das Herzstück einer ganzen Reihe von Hochwasserschutzbauten, die sowohl den Schutz der Lagunenstädte vor Überschwemmungen als auch die ökologische Wiederherstellung der Lagune zum Ziel haben.

Das größte Infrastrukturprojekt der Nachkriegszeit in Italien bleibt umstritten. Es kann Venedig langfristig nicht vor dem Anstieg des Meeresspiegels schützen.

Damit der Schiffsverkehr zu normalen Zeiten nicht gestört wird, werden die riesigen Schleusentore im Meer versenkt, sobald die Sturmflutgefahr gebannt ist.

Eine derartige Anlage zu konstruieren und zu bauen, stellte sich als weit komplexer heraus als zunächst angenommen. Dazu muss man wissen: Es gibt drei Lagunenzufahrten, die bei Hochwasser gesperrt werden müssen: Bocca di Lido, Bocca die Chioggia und Bocca di Malamoco. Der Plan: Diese Zufahrten sollen bei Hochwassermarken von über 110 cm durch insgesamt 78 bewegliche Stahl-Elemente für den Wasserzufluss gesperrt werden. Die Flutbarrieren müssen aber auch gewährleisten, dass im Ruhezustand der natürliche Wasseraustausch nicht gefährdet ist und Schiffe ungehindert ein- und ausfahren können. Aus diesem Grunde mussten im Meeresgrund große Stahlschächte versenkt werden, in denen die beweglichen Flutbarrieren verschwinden, sobald die Sturmflutgefahr vorüber ist. Bei einer Sturmflutwarnung werden alle 78 Barrieren vom Steuerungssystem aus ihren Schächten befreit, richten sich auf und riegeln die Lagunenzufahrten ab. Dazu wird mit Pressluft das Wasser aus hohlen Stahl-Barrieren gedrückt. Je mehr sie sich mit Luft füllen, desto mehr Auftrieb erhalten sie. Dank eines Klappmechanismus fügen sie sich beim Auftauchen zu 5 Meter starken, 20 Meter hohen und 30 Meter langen Fluttoren zusammen, von denen jedes einzelne 250 Tonnen wiegt. Dieser Vorgang nimmt 30 Minuten in Anspruch.

Wir erinnern uns: Benito Craxi hatte das Projekt in den 1980er-Jahren angekündigt. Aber es passierte erst einmal: nichts. Im Jahr 2003 griff ein anderer Ministerpräsident, Silvio Berlusconi, das Ganze wieder auf. Nicht ganz uneigennützig, wie sich später zeigen sollte. Zum Konsortium der bauausführenden Firmen gehörte auch eine Finanzholdinggesellschaft, die sich zu großen Teilen im Besitz der Familie Berlusconi befand. Und so wurde der Bau der Anlage von politischen Auseinandersetzungen und Korruptionsfällen begleitet. Insgesamt vier Ermittlungsverfahren wegen Bestechlichkeit unterbrachen die Bauarbeiten für Jahre. Es kam zu diversen Prozessen, in denen lokale Politiker und Unternehmer wegen Korruption verurteilt wurden. Insgesamt sollen 250 Millionen Euro an Bestechungsgeldern geflossen sein. Eine beachtliche Summe bei Baukosten von ca. 6 Milliarden Euro. Dennoch wurde letztlich weitergebaut, bis die Anlage in Betrieb gehen konnte.

2020 bestand das System in einem Testlauf seine erste Bewährungsprobe. Der Regelbetrieb setzte zwischen dem 1. und 3. November 2021 während einer mittelschweren Sturmflut ein. MOSE teilte zuverlässig das Meer und schützte Venedig vor den Folgen des Hochwassers.

Doch trotz seiner Funktionsfähigkeit bleibt Italiens größtes Infrastrukturprojekt der Nachkriegszeit umstritten. Hauptkritikpunkt: MOSE ist so konzipiert, dass es nur vor Sturmfluten schützen kann, aber nicht vor dem langfristig größeren Problem: dem kontinuierlichen, durch den Klimawandel bedingten Anstiegs der Meeresspiegel, der Venedig langsam aber sicher versinken lassen wird. Um die Stadt davor zu bewahren, müsste MOSE seine Tore dauerhaft schließen. Dann allerdings wäre Venedig nicht nur vom Schiffsverkehr abgeschnitten, sondern das Lagunenwasser rund um die Stadt würde sich innerhalb kürzester Zeit in eine Kloake verwandeln. Und so scheint die endgültige Rettung Venedigs einstweilen aufgeschoben.

Insgesamt gibt es drei Lagunenzufahrten, die bei Hochwasser gesperrt werden müssen: Bocca di Lido, Bocca di Chioggia und Bocca di Malamoco.

# Ein Riesenrad für Schiffe

Das Falkirk Wheel in Schottland ist das technisch ungewöhnlichste Schiffshebewerk der Welt. Wer schon immer mal an Bord einer Barkasse in einer mit Wasser befüllten Riesenradgondel 24 Meter hochgehoben werden wollte, ist hier goldrichtig.

xxx 1' N , 8° 32' O

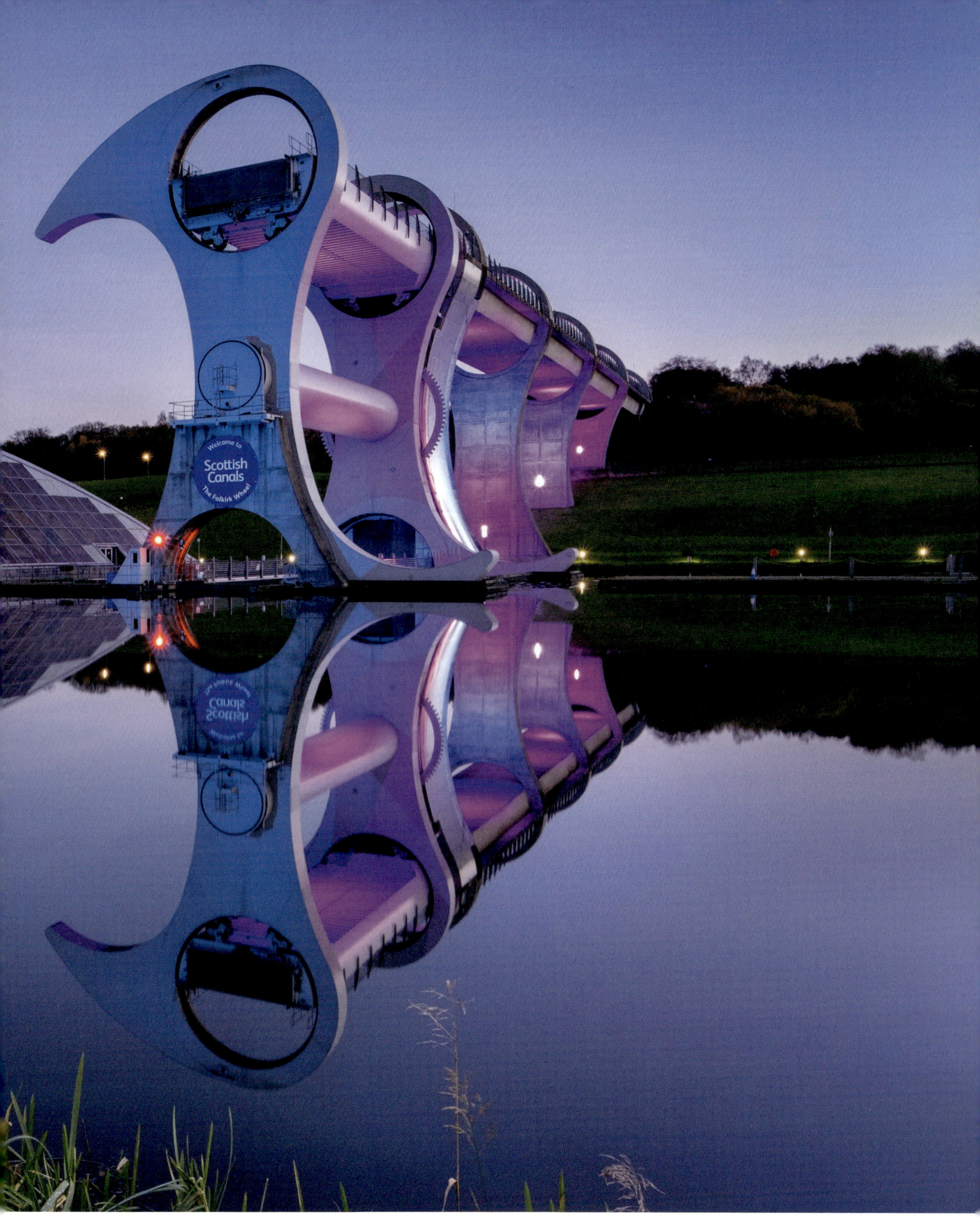


Exakt austariert: Die Schiffe fahren in eine überdimensionierte Wanne, die zusammen mit einer zweiten Gondel an einer Radnabe befestigt ist. Die Nabe dreht sich und befördert so die beiden Gondeln in die jeweils andere Position.

## Falkirk Wheel

**Ort:** Falkirk/Schottland
**Fertigstellung:** 2002
**Kosten:** 17 Millionen Pfund
**Bauzeit:** 3 Jahre
**Planung:** Butterfly Engineers
**Material:** Stahl
**Gesamthöhe:** 35 Meter
**Tiefgang im Trog:** 3 Meter

**Kanäle sind wichtige Lebensadern.** Als künstliche Wasserstraßen verbinden sie Orte miteinander, die vorher nur schwer zu erreichen waren. Sie fördern den Handel, den Austausch von Menschen und Möglichkeiten. Sie bringen Wohlstand und wirtschaftlichen Aufschwung.

Das ausgehende 19. Jahrhundert war die große Epoche des Kanalbaus: Der Suez- und der Panama-Kanal waren die spektakulärsten Bauprojekte dieser Zeit. In Deutschland begann 1887 der Bau des Nord-Ostsee-Kanals.

Im Herzen Schottlands gab es aber bereits ein Jahrhundert zuvor ein bedeutendes Kanalprojekt. Seit 1790 verbindet der 56 Kilometer lange Clyde and Forth Kanal Schottlands größte Städte Glasgow und Edinburgh und schuf so auch eine schiffbare Verbindung zwischen Nordsee und Atlantik. Im Lauf der nächsten beiden Jahrhunderte aber nahm die wirtschaftliche Bedeutung des Kanals ab, bis er 1963 aufgegeben wurde – endgültig, wie es schien. Allerdings hatte die britische Regierung die Rechnung ohne die Schotten gemacht. Nationalstolz, Beharrlichkeit und ein ausgeprägtes Geschichtsbewusstsein sorgten dafür, dass Bürgerinitiativen gehört wurden. Nachdem 30 000 Unterschriften eine Wiederherstellung des Kanals forderten, wurde diese tatsächlich in den 1990er-Jahren realisiert – unter gütiger Mithilfe der britischen Lotteriegesellschaft, die über 80 Millionen Pfund für das Projekt zur Verfügung stellte. Von Anfang an war klar, dass der wiederbelebte Kanal keinen wirtschaftlichen Nutzen hätte, sondern der Freizeitgestaltung und der touristischen Entwicklung dienen würde.

In der Nähe des Städtchens Falkirk standen die Planer vor der Aufgabe, den Union Kanal, der direkt ins Stadtzentrum von Edinburgh führt, mit dem Forth and Clyde Kanal zu verbinden. Das Problem: ein Höhenunterschied von 24 Metern. Bis in die 1930er-Jahre gab es an dieser Stelle eine Schleusentreppe, die aus elf Schleusen bestand, was dazu führte, dass die Durchfahrt einen ganzen Tag dauerte. Die Ingenieure der britischen Firma Butterfly Engineers ließen sich nun eine Lösung einfallen, die nicht spektakulärer hätte ausfallen können: Sie ersannen ein Schiffshebewerk, das eine schnelle und unvergessliche Durchfahrt mit Kanal-Barkassen ermöglichen würde: Sie konstruierten ein Riesenrad für Schiffe.

Der leitende Gedanke war, ein neuartiges Prinzip der Nassförderung zu entwickeln, also der Beförderung eines Schiffes in einem mit Wasser gefüllten Stahltrog. Zugleich verfolgten die Ingenieure das ambitionierte technische Ziel, dem Prinzip des Perpetuum Mobile – einem aus sich selbst heraus beweglichen Antrieb – so nahe wie möglich zu kommen. Das Ergebnis: ein Riesenrad aus massivem Stahl mit einem Durchmesser von 35 Metern, an dem zwei Wasser gefüllte Gondeln (Tröge) befestigt sind. Der Clou: Beide sind so austariert, dass sie inklusive Befüllung und Ladung annähernd gleich viel wiegen. Dadurch sind Gewicht und Gegengewicht

Verbindendes Element: Das Schiffshebewerk fügt zwei Kanäle aneinander, die einen Höhenunterschied von 24 Metern aufweisen.

so ausbalanciert, dass der Hebevorgang nahezu allein durch die Schwerkraft angetrieben wird. Lediglich für die Überwindung der mechanischen Reibung und für die Erzeugung des Drehmoments des Rades stehen zehn hydraulisch arbeitende Elektromotoren zur Verfügung. Diese sind im landseitigen Pylon rund um die Drehachse angeordnet. Die Übertragung des Hubvorgangs erfolgt über Zahnräder.

Eine zum Transport bereite Barkasse (»Narrow Boat«) fährt aus eigenem Antrieb durch ein Doppeltor in den wartenden Trog. In dem Trog mit einer Grundfläche von 200 Quadratmetern befinden sich ca. 300 Tonnen Wasser, also ungefähr die Menge, die ein Olympiaschwimmbecken fasst. Der Trog kann Schiffe von bis zu 21,33 Metern Länge, 6 Metern Breite und 1,37 Metern Tiefgang aufnehmen. Die Klapptore werden hydraulisch geschlossen. In nur zehn Minuten überwindet das Schiff in der Gondel den Höhenunterschied von 24 Metern. Dabei spielt es keine Rolle, ob die Gegengondel auch ein »Narrow Boat« transportiert oder nur Wasser enthält. Nach dem Archimedischen Prinzip verdrängt ein schwimmender Körper soviel Wasser, wie er selbst wiegt. Entscheidend ist also, dass der Wasserpegel in beiden Gondeln gleich hoch ist. Nur dann ist gewährleistet, dass beide Gondeln gleich viel wiegen. Schon eine Abweichung von einem Zentimeter beim Wasserpegel macht hier allerdings einen Gewichtsunterschied von drei Tonnen aus. Um also dafür zu sorgen, dass das nicht passiert, wurde am oberen Schleusenpunkt des Falkirk Wheels ein Pumpensystem installiert, das die Wassermengen in den Gondeln reguliert.

Der Bau des Schiffsriesenrads nahm drei Jahre in Anspruch. Dabei wurden die Einzelteile vom Hersteller vorgefertigt und auf dem Wasserweg zur Baustelle transportiert. Vor Ort wurde es wie ein riesiger Bausatz mit 15 000 Schraubbolzen von Hand zusammengeschraubt. 2002 fand die feierliche Übergabe des Falkirk Wheels an die Öffentlichkeit durch Queen Elisabeth II. statt.

Das touristische Konzept hat sich seitdem bewährt. Das Schiffsriesenrad ist eine Attraktion, die schon von mehr als fünf Millionen Menschen genutzt wurde. Very british: Rund ums Wheel ist ein kleiner Vergnügungspark entstanden, der Tag für Tag zahlreiche Gäste anlockt. Sie kommen vor allem, um Augenzeuge des Spektakels zu werden.

# In der Bucht des Küstennebels

Die San Francisco Bay ist eine sehr herausfordernde Hafeneinfahrt. Einerseits wegen der starken Strömungen, andererseits wegen des berüchtigten Pazifiknebels, der in wenigen Minuten die komplette Sicht nimmt. Hier überspannt seit 1937 die legendäre Golden Gate Bridge die Bucht – und hat bislang Stürmen und Erdbeben getrotzt.

37° 49' 3.35'' N, 122° 28' 41.88'' W

Wichtiger Schutz: Nebel, salzige Luft und starker Wind setzen der Brücke zu. Entscheidend für die Instandhaltung ist deshalb der Anstrich mit Rostschutzfarbe.

## Golden Gate Bridge

**Ort:** San Francisco/USA
**Fertigstellung:** 19. April 1937
**Ingenieure:** Joseph B. Strauss, Charles Alton Elli
**Kosten:** 35 Millionen Dollar
**Bauzeit:** 4 Jahre
**Material**: Beton, Stahl
**Länge:** 2737 Meter
**Breite:** 27 Meter
**Höhe:** 227 Meter
**Durchfahrtshöhe:** 67 Meter

**Wenn der Nebel** in der San Francisco Bay eintrifft, geht alles ganz schnell. Mit bis zu 50 km/h bewegen sich die Schwaden rasant buchteinwärts. Zuerst hüllen sie die Golden Gate Bridge ein, dann schwappen sie über die Hügel der Stadt. San Francisco liegt in einer Region, die bis zu 200 Nebeltage im Jahr kennt. Es ist die besondere geographische Lage, die dieses Naturphänomen begünstigt: Aufgrund einer kalten Meeresströmung wird der Ozean hier selbst im Sommer kaum wärmer als 14 °Celsius. Zieht dann schwül-warme Luft über die Oberfläche, bilden sich gigantische Nebelbänke. Umgehend erhält das Kontrollzentrum der Golden Gate Bridge eine Warnung, damit Nebelhörner eingeschaltet werden, um Schiffe vorzuwarnen. Durch das Tuten der Hörner erfahren auch die Einwohner der Stadt, dass der dichte Dunst im Anzug ist.

Die Golden-Gate-Bridge ist eines der berühmtesten Wahrzeichen der USA. In einem eleganten Bogen überspannt sie seit 1937 die an dieser Stelle 1600 Meter breite Bucht von San Francisco und verbindet die Stadt mit dem Marin County. Ihre Silhouette fügt sich filigran und geradezu majestätisch in die atemberaubende Landschaft ein. Dass die Brücke von Anfang an gefeiert und geliebt wurde, hat viele Gründe. In den 1930er-Jahren war Amerika im Begriff, sich aus einer tiefen Wirtschaftskrise herauszukämpfen. Der Brückenbau brachte nicht nur Tausende Jobs – er war auch das Symbol des Aufbruchs in eine neue Zeit des Wohlstands und des Fortschritts.

Doch zunächst erklangen laute Stimmen der Kritik. Eine gigantische Brücke, inmitten eines Erdbebengebietes? Ein Ding der Unmöglichkeit, urteilten Experten. Außerdem würden Windstärken von bis zu 100 km/h, häufiger Nebel und die Gezeitenströmung von bis zu 7,5 Knoten derartige Baumaßnahmen nicht zulassen. Doch große Projekte brauchen Visionäre, die ihr Gelingen vorantreiben. Der größte und leidenschaftlichste Verfechter des Brückenprojekts über die San Francisco Bay war der Ingenieur Joseph B. Strauss. Er war von Brücken regelrecht besessen, seit er als junger Mann nach einem Football-Unfall mehrere Wochen im Krankenhaus gelegen und vom Bett aus auf die beeindruckende Cincinnati-Covington Bridge geblickt hatte. Doch es kostete Strauß Jahre, bis er in San Francisco endlich alle Kritiker überzeugt und auch die Finanziers ins Boot geholt hatte. Die Anleihen sollten, so sein Plan, mit Brückenzöllen abgegolten werden. Strauß beschäftigte ein exzellentes Team aus Architekten und Wissenschaftlern, allen voran Professor Charles Alton Ellis. Allein mit Zirkel, Lineal und Rechenmaschine stellte der Mathematiker sämtliche Berechnungen zum Bau der Brücke an.

Wegegeld für Autofahrer: Die Fahrt stadteinwärts ist mautpflichtig, die Fahrt stadtauswärts kostenlos.

## Waghalsiges Unterfangen? Eine gigantische Brücke inmitten eines Erdbebengebietes galt noch zu Beginn des 20. Jahrhunderts als Ding der Unmöglichkeit.

Die Arbeiten begannen am 5. Januar 1933 gleich mit riesigen Herausforderungen und einigen Unwägbarkeiten. Das Fundament für den nördlichen Turm konnte an Land und auf felsigem Grund errichtet werden, was vergleichsweise einfach war. Auf der Südseite aber musste auf dem Grund der Bucht, 340 Meter vom Ufer entfernt und in 33 Metern Tiefe gebaut werden. Dazu wurde ein Senkkasten – eine riesige Stahlkammer – in die Bucht gelassen. Pressluft sorgte dafür, dass das Wasser nicht eindringen kann und die Männer im Innern des Kastens am Meeresgrund arbeiten konnten. Doch die extrem starke Strömung und der Tidenhub erschwerten das Unterfangen. Es gab nur Zeitfenster von jeweils 20 Minuten, in denen gearbeitet werden konnte – und zwar immer dann, wenn Ebbe und Flut wechselten und sich die Strömung dadurch abschwächte. Auf diese Weise dauerte es volle zwei Jahre, bis das Fundament für den Südturm fertig war.

Der ursprüngliche Entwurf von Strauss, den er bereits im Jahr 1921 gezeichnet hatte, war mittlerweile verworfen worden, weil sich im Brückenbau eine neue Erkenntnis durchgesetzt hatte: die Deflektionstheorie. Sie besagt, dass Brücken mit

Die Räder rollen: Jährlich nutzen etwa 40 Millionen Autos die sechs Fahrspuren, die dem Verkehrsaufkommen angepasst werden können.

Kluge Köpfe: Allein mit Zirkel, Lineal und Rechenmaschine stellten Mathematiker sämtliche Berechnungen zum Bau der Brücke an.

# Dem schweren Erdbeben im Jahr 1989 hielt die Golden Gate Bridge ohne Probleme stand.

einem sehr hohen Eigengewicht über die Fähigkeit verfügen, sich weitgehend selbst zu stabilisieren. Daher konnten viele Querverstrebungen, die bis dahin aus statischen Gründen eingeplant worden waren, weggelassen werden.
Während des Baus der Brücke wurden neue Sicherheitsstandards zum Schutz der Arbeiter eingeführt. Es war die erste Baustelle in den USA, auf der es eine Helmpflicht gab. Und: Unter der Brückenkonstruktion wurde ein großes Netz gespannt, das abstürzende Arbeiter im Notfall auffangen konnte. Tatsächlich rettete das Netz das Leben zahlreicher Männer.

Nähert man sich heute, aus San Francisco kommend, zu Fuß oder mit dem Fahrrad der Brücke, führt ein schmaler Pfad hinauf: der Coastal Trail. Kurz vor der Brücke, teilt er sich. Nach links geht es hinauf auf die Brücke, und von dort – zu Fuß oder mit dem Rad – auf die andere Seite der Bucht. Man ist auf einer Ebene mit dem Autoverkehr, und man spürt die immensen Schwingungen, die der Verkehr erzeugt. Wählt man den anderen Weg, befindet man sich unterhalb der Fahrbahn, mitten im Konstruktionsaufbau der Brücke. Ein Merkmal dieser Hängekonstruktion aus Stahlträgern und Stahlseilen ist ihre enorme Beweglichkeit. Schon während der Errichtung klagten viele Arbeiter über Seekrankheit, weil die Konstruktion dazu neigte, stark zu pendeln. Andererseits ermöglicht es eben diese Flexibilität, sich starken Bewegungen anzupassen, wie sie bei Sturm oder Erdbeben entstehen können, ohne zu reißen oder zu brechen. Der Nachteil ist, dass es bei dieser Bauweise schon durch kleine Berechnungsfehler in der Statik zu starken Eigenschwingungen kommen kann. Genau das passierte bei der 1940 erbauten Tacoma Narrow Bridge, einer Hängebrücke, die der Golden Gate sehr ähnlich war. Nur wenige Jahre nach ihrer Fertigstellung brachte eine vom Wind verstärkte unkontrollierte Eigenschwingung sie zum Einsturz.

Eines der stärksten Argumente der Kritiker des Golden-Gate-Projekts war von Anfang an die Erdbebengefahr. Nur wenige Kilometer entfernt befand sich das Epizentrum des verheerenden Erdbebens von 1906, das mit einer Stärke von 7,8 halb San Francisco zerstört hatte.

Im Jahr 1989 – mehr als 50 Jahre nach der Brückeneinweihung – bebte die Erde in der Bay Area erneut: 15 Sekunden lang mit einer Stärke von 7,1 auf der MM-Skala. Computer-Simulationen zeigen, dass sich die Golden Gate Bridge aufgebäumt haben muss wie ein Pferd beim Rodeo. Aber sie hielt stand und kam ohne nennenswerte Schäden davon. Dennoch wurde in der Folge das Golden Gate Bridge Seismic Retro Fit Project angeschoben, das 2014 abgeschlossen wurde. In drei Bauabschnitten wurde das technische Meisterwerk noch erbebensicherer gemacht. Die Ankerblöcke wurden verstärkt, zusätzliche Stahlkonstruktionen verbaut und Dämpfer am Fahrbahnträger installiert. Diese Maßnahmen dienen dazu, im Fall eines Erdstoßes die Energie aufzunehmen, bevor sie die tragende Brückenkonstruktion erreicht – vergleichbar mit der Knautschzone eines Autos, die die Fahrgastzelle bei einem Aufprall schützen soll, indem sie die Energie des Unfalls absorbiert.

Täglich passieren bis zu 6000 Radfahrer, mehr als 10 000 Fußgänger und jährlich mehr als 40 Millionen Autos die Brücke. Die berühmte Farbe »International Orange« wurde übrigens gewählt, weil sie mit der Landschaft harmoniert, sich von Himmel und Wasser abhebt und für Schiffe gut sichtbar ist. Sie schützt die Stahlkonstruktion außerdem vor Rost und Abnutzung. Dass die Brücke seit mehr als 90 Jahren ohne nennenswerte Störungen im Dauerbetrieb ist, hängt auch damit zusammen, dass es ein großes Team von Handwerkern gibt, das Tag für Tag mit der Instandhaltung beschäftigt ist.

Bedeutendes Bindeglied: Die Golden Gate Bridge ist eine Verbindung zwischen San Francisco und der Halbinsel Marin.

# Stadttore im Wasser

Schleusen regeln den Schiffsverkehr auf der Saale bei Bernburg bereits seit Jahrhunderten. Weil Platz dort knapp ist, wurde die Bernburger Schleppzugschleuse ungewöhnlicherweise mit großen Hubtoren aus Stahl ausgestattet.

51° 47' 37'' N, 11° 44' 33'' E

## Schleuse Bernburg

**Ort:** Bernburg/Deutschland
**Fertigstellung:** 10. September 1938
**Betreiber:** Wasserstraßen- und Schifffahrtsamt Elbe
**Bauzeit:** 3 Jahre
**Material:** Beton, Stahl
**Nutzbare Länge:** 103 Meter
**Kammerbreite:** 20 Meter

**Auf insgesamt 413 Kilometern** schlängelt sich die Saale von ihrer Quelle im oberfränkischen Fichtelgebirge bis nach Barby in Sachsen-Anhalt, wo sie in die Elbe mündet. Auf ihrem Weg Richtung Norden passiert die Saale auch die Stadt Bernburg. Genau genommen fließt sie mitten durch den historischen Stadtkern.

Schleusen haben hier eine lange Geschichte. Bereits im 14. Jahrhundert wurde in Bernburg ein Wehr gebaut, um Flusswasser für den Betrieb einer Mühle aufzustauen. Das wiederum machte die Errichtung einer hölzernen Schleuse notwendig. Zum einen, damit Lastkähne nicht in Richtung des Wehres abtrieben, zum anderen, um den Fluss an dieser Stelle trotz der Aufstauung schiffbar zu halten. Es folgten im Lauf der Jahrhunderte mehrere Schleusenbauten an gleicher Stelle, nämlich bei Saale-Kilometer 36,14, direkt gegenüber der Bernburger Schloss-Residenz. Die neueste und bis heute im Einsatz befindliche Schleusenanlage datiert aus dem Jahr 1938. Vier Jahre zuvor begannen die Vorbereitungen für den Neubau der Bernburger Schleuse. Es mussten einige Gebäude weichen, damit genügend Platz für die sechs Meter dicken Seitenwände der Schleusenkammer geschaffen werden konnte. Diese wurden auf der Flussbettsohle aus gewachsenem Naturstein aufgesetzt. Verbaut wurden sogenannte Schwergewichtswände aus Beton, die allein durch ihr Gewicht eine Abdichtung zum Untergrund herstellen. Die Schleusenkammer verfügt über eine nutzbare Länge von 103 Metern, die Kammerbreite beträgt 20 Meter und die Hubhöhe 3,28 Meter. Weil die Platzverhältnisse in Bernburg sehr beengt sind, entschloss man sich bei der Verschlusstechnik zu einer Konstruktion aus zwei Hubtoren. Sie sind 12 Meter breit und 8 Meter hoch. Läuft ein Schiff im Vorhafen ein, wird das 38 Tonnen schwere Stahltor mithilfe von Gegengewichten angehoben.

Das Befüllen der Schleusenkammer mit Wasser erfolgt automatisch beim Öffnen und Schließen der Tore. Hubtore sind störanfällig, weil im Wasser treibende Gegenstände den Schließmechanismus blockieren können. Daher wurde unmittelbar vor dem Tor auf voller Kammerbreite ein Trockenfanggraben in die Sohle eingelassen. Hier wird etwaiges Treibgut (Steine, Müll) festgehalten.

Konstruiert wurde die Anlage als sogenannte Schleppzugschleuse. In den 1930er-Jahren waren nichtmotorisierte Schleppkähne auf deutschen Flüssen noch weit verbreitet. Diese Lastkähne mit einem niedrigen Tiefgang wurden miteinander zu einem Zug verbunden und von einem Schlepper gezogen. Der Kopplungsvorgang war kompliziert und zeitaufwendig. Schleppzugschleusen wie die in Bernburg wurden deshalb so konzipiert, dass mehrere Schleppkähne zugleich geschleust wurden, ohne abgekoppelt zu werden. Dazu reihte man die Kähne leicht diagonal in der Schleusenkammer. So konnte der gesamte Zug in Reihung die Schleuse durch das Ausgangstor wieder verlassen. In den 1970er-Jahren ging die Schleppkahnschifffahrt zu Ende.

Munteres Flüsschen: Die Saale fließt mitten durch den Stadtkern von Bernburg.

## In Chroniken der Saaleschifffahrt wird berichtet, dass bereits in der zweiten Hälfte des 14. Jahrhunderts das Wasser der Saale angestaut wurde. Es wurde zum Betrieb von Mühlen genutzt.

Die nichtmotorisierten Kähne wurden durch sogenannte Selbstfahrer ersetzt.

2020 wurden größere Sanierungsarbeiten an der Schleusenkammer durchgeführt. Der hohe Wasserdruck hatte im Lauf der Jahrzehnte dazu geführt, dass sowohl die Seitenwände als auch der felsige Grund teilweise unterspült wurden. Man legte die undichten Stellen frei und verfüllte sie mit Beton. Im Zuge der Sanierungsarbeiten wurde der Vorhafen erstmals seit mehr als 80 Jahren komplett trockengelegt.

# Des Kaisers größtes Bauwerk

Der Nord-Ostsee-Kanal mit der Rendsburger Hochbrücke war das Prestigeprojekt des deutschen Kaisers Wilhelm I. – und das größte Bauvorhaben seiner Zeit. Wilhelm I. erlebte die Fertigstellung allerdings nicht mehr. Dafür ließ sein Enkel Wilhelm II. es bei der Einweihung ordentlich krachen. Die Feier kostete 1,7 Millionen Reichsmark.

**Brunsbüttel: 53° 53' 47.36'' N, 9° 8' 19.36'' E**

Logistische Meisterleistung: Für den Bau des fast 99 Kilometer langen Kanals wurden acht Jahre veranschlagt. Der Zeitplan wurde eingehalten.

## Nord-Ostsee-Kanal

**Ort:** Schleswig-Holstein/Deutschland
**Fertigstellung:** 1895
**Kosten:** 156 Millionen Reichsmark
**Bauzeit:** 8 Jahre
**Material:** Stein, Stahl
**Länge:** 98,65 Kilometer
**Fahrzeit der Schiffe:** ca. 8 Stunden
**Höchstgeschwindigkeit:** 15 km/h

**Die Feierlichkeiten dauerten drei Tage:** Am 19. Juni 1895 wurde die Fertigstellung des Nord-Ostsee-Kanals, der damals noch Kaiser-Wilhelm-Kanal hieß, mit 1600 Gästen und viel Pomp und Gloria gefeiert. Für die Festgesellschaft hatte man eine 6000 Quadratmeter große künstliche Insel auf der Hamburger Alster errichtet. Von dort aus ging es zum Hafen, wo die kaiserliche Jacht Hohenzollern lag. Mit dem Kaiser und dessen Entourage fuhr sie nach Brunsbüttel, um als erstes Schiff mit großem Hurra den Kanal Richtung Ostsee bis nach Kiel zu passieren. Dort wurde weitergefeiert. Wilhelm II. liebte glanzvolle Auftritte und ließ sich für ein Bauwerk feiern, das sein Großvater Wilhelm I. ursprünglich gar nicht gewollt hatte, dann aber doch bauen ließ, weil er auf eine List hereingefallen war.

Zum damals noch jungen deutschen Kaiserreich gehörten Schleswig-Holstein und somit auch die Küsten der Nord- und Ostsee. Zwischen den beiden Meeren gab es keine Verbindung, die mit größeren Schiffen hätte befahren werden können. Lediglich der alte Eider-Kanal aus dem 18. Jahrhundert bot eine langwierige und umständliche Möglichkeit, von der Kieler Förde in die Nordsee zu gelangen. Für Schiffe größerer Tonnagen war die Wasserstraße unbrauchbar. Sie mussten den 450 Kilometer langen Umweg durch den Skagerrak nehmen, die Meerenge, die um das dänische Jütland herumführt. Bei Seefahrern war diese Passage als das Kap Hoorn der Nordsee berüchtigt: Stürmische See und starke Strömungen ließen zahllose Schiffe havarieren.

In den 1880er-Jahren kam daher die Idee auf, einen für große Dampfschiffe befahrbaren Kanal zwischen Kiel an der Ostsee und Brunsbüttel an der Elbe (dem Tor zur Nordsee) zu bauen. Es sollte ein Jahrhundert-Projekt werden: die größte Kanalbaustelle Europas, vergleichbar mit dem Suez- und dem Panama-Kanal. Ein Projekt das nicht nur für den Seehandel von immenser Bedeutung sein würde, sondern der Welt auch zeigen könnte, zu welchen technischen und logistischen Leistungen das junge Deutsche Reich fähig war. So jedenfalls dachte der Reichskanzler Otto von Bismarck. Doch das Vorhaben hatte weitaus mehr Gegner als Befürworter. Einer von ihnen war der Kaiser: Er interessierte sich mehr fürs Militär als für die Wirtschaft, und die Marine wollte lieber eine zweite Flotte als einen Kanal. Doch der Reichskanzler trickste seine Widersacher aus, indem er den Kaiser davon überzeugte, dass der Kanal eine unverzichtbare strategische Bedeutung für die deutsche Kriegsmarine haben würde. Eine Behauptung, die sich nie bewahrheiten sollte. Doch Wilhelm unterschrieb und ordnete den Bau des Kanals, der seinen Namen tragen sollte, an.

Am 3. Juli 1887 legte Kaiser Wilhelm I. im Kieler Stadtteil Holtenau den Grundstein für den Kanalbau. Was dann folgte, gilt noch heute als eine der größten baulichen Meisterleistungen des 19. Jahrhunderts – sowohl in technischer als auch in logistischer Hinsicht. Acht Jahre Bauzeit waren für den 98,65 Kilometer langen, 67 Meter breiten und 9 Meter tiefen Kanal geplant. Der Zeitplan wurde eingehal-

Neuer Name: Im Jahr 1948 wurde aus dem Kaiser-Wilhelm-Kanal der Nord-Ostsee-Kanal.

## Zu klein: Bei seiner Fertigstellung galt der Nord-Ostsee-Kanal als Wunderwerk der Ingenieurskunst, doch bald stellte er sich als zu klein für die Passage von Kriegsschiffen heraus. Im Jahr 1907 musste der Bau erweitert werden. Aufwand und Kosten waren höher als der ursprüngliche Bau.

ten. 156 Millionen Reichsmark wurden für die Errichtung veranschlagt. Exakt diese Summe hat er auch gekostet. Dass die zeitlichen und finanziellen Kalkulationen perfekt stimmten, war dem Leiter des Projekts, Otto Baensch, zu verdanken. Er hatte die Bauakademie in Berlin besucht, war Land- und Wasserbau-Inspektor gewesen, hatte hydrogeologische Studien durchgeführt und Erfahrungen in mehreren Großprojekten gesammelt, bevor er sich dem Kanalprojekt

# Ein Jahrhundertbau: Der Kanal ist heute eine der meistbefahrenen künstlichen Wasserstraßen der Welt.

widmete. Baensch und sein Team von Ingenieuren planten jeden Schritt des Projekts bis ins allerkleinste Detail. Sie errechneten, dass 80 Millionen Kubikmeter Erde zu bewegen waren. Da sich der Wasserstand der Elbe – je nach Tidenhub – um bis zu sechs Meter hob oder senkte, der Wasserpegel der Ostsee aber beinahe gleichbleibend war, war schnell klar, dass sowohl in Kiel, als auch in Brunsbüttel große Schleusenanlagen errichtet werden müssten, um den Kanal schiffbar zu machen. Da die neue Wasserstraße Schleswig-Holstein einmal durchschneiden würde, war auch die Planung von Brücken und Fährverbindungen unumgänglich.

Das Projekt war politisch umstritten. Deshalb durften die Baukosten die festgeschriebenen 156 Millionen Reichsmark auf keinen Fall überschreiten. Aus diesem Grund entschied sich Baensch für ein bis dato ungewöhnliches Verfahren bei der Auftragsvergabe: Für jedes Gewerk wurde eine Kostenobergrenze festgelegt. Nur diejenigen Unternehmen, die sich vertraglich verpflichteten, ihre Arbeit für den veranschlagten Betrag auszuführen, erhielten den Zuschlag.

Dann ging man an die Koordination der Arbeiten: Auf der Baustelle wurden bis zu 8900 Männer gleichzeitig gebraucht. Um sie unterzubringen und zu versorgen, errichtete man entlang der Baustelle zwölf Barackenlager. In den Lagern arbeiteten Hauswirtschafterinnen, die sich um gutes Essen, Wäsche, Heizen und Sauberkeit kümmerten. Die Idee dahinter: Die Arbeiter sollten ihre ganze Konzentration, Kraft und Energie auf die Baustelle verwenden. Neben der für damalige Verhältnisse ausgezeichneten Versorgung wurden überdurchschnittliche Löhne gezahlt. Das machte die Kanalbaustelle zu einem Magneten für Arbeitskräfte aus ganz Deutschland und Europa. Maurerbrigaden, die zuvor am Gotthardtunnel mitgearbeitet hatten, kamen aus Italien, Wasserbauexperten für die Schleusen aus den Niederlanden. Es gab auch maschinelle Hilfe: schwer zu bewegende Bagger und Kräne, die mit Kohle betrieben wurden und von Hand versetzt werden mussten. Loks und Loren für den Abtransport des Abraums. Letztlich aber waren die großen Monumente des 19. Jahrhunderts vor allem das Ergebnis menschlicher Muskelkraft. Große Teile des fast hundert Kilometer langen Kanals wurden von Hand ausgehoben – heute kaum vorstellbar. Die Seitenwände mussten befestigt werden – auch hier galt es, große Gewichte zu bewegen. Unmengen von Feldsteinen wurden im Kanal verbaut. Als die Felder abgegrast waren, holten Steinfischer große Brocken aus der Ostsee und lieferten sie an der Baustelle an. Tatsächlich wurde der Kanal nach nur acht Jahren Bauzeit fertig. Ein großer Erfolg – und zugleich ein Misserfolg. Eines hatten die genialen Planer um Otto Baensch nämlich nicht einkalkuliert: In der vergleichsweise kurzen Zeitspanne zwischen Planung und Fertigstellung des Kanals hatte die Länge der Schiffe, die jetzt die Werften verließen, enorm zugenommen. Der neue Kanal und seine Schleusen – das Jahrhundertprojekt von Kaiser Wilhelm I. – war bereits bei der Einweihung zu klein geworden. Die Drehbrücken erwiesen sich zudem als zu zeitraubend.

Zwischen 1907 und 1914 wurde daher der Kanal noch einmal grundlegend umgebaut. Man ersetzte die Drehbrücken durch Hochbrücken, die eine Durchfahrtshöhe von 43 Metern besitzen. Eine von ihnen ist die Rendsburger Hochbrücke,

Wer wagt, gewinnt: Mit dem Bau des Nord-Ostsee-Kanals, seinen Brücken und Schleusen betraten Ingenieure Ende des 19. Jahrhunderts technologisches Neuland.

die seit 2013 offiziell zum historischen Wahrzeichen der Ingenieurbaukunst erhoben wurde. Der Kanal wurde im Zuge des Umbaus in der Sohle auf bis zu 90 Meter verbreitert und erhielt eine Wassertiefe von 11 Metern.

Im Jahr 1914 gingen die neuen Doppelschleusen von Holtenau und Brunsbüttel in Betrieb. Sie sind mit 310 Metern etwa zweieinhalbmal so lang wie die Schleusen von 1895 und mit 42 Metern fast doppelt so breit, und sie verrichten bis heute ihren Dienst. Allerdings sind ihre nochmal 20 Meter längeren Nachfolgerinnen bereits im Bau.

Rund 30 000 Schiffe befahren jährlich den Nord-Ostsee-Kanal. Damit zählt er zu den bedeutendsten Binnenwasserstraßen der Welt.

Militärisch war der Kanal nie von großer Bedeutung, weder im Ersten noch im Zweiten Weltkrieg. So blieb er auch von der Zerstörung durch Bombenangriffe weitestgehend verschont. 1948 wurde er auf Anordnung der alliierten Militärverwaltung umbenannt: Aus dem Kaiser-Wilhelm-Kanal wurde der Nord-Ostsee-Kanal.

Womöglich war es das rauschende Einweihungsfest, das Kaiser Wilhelm II. auf die Idee brachte, wie sich der Kanal und der Ausbau der Kriegsflotte refinanzieren ließen. 1902 wurde zu diesem Zweck die Schaumweinsteuer auf Sekt und andere alkoholische Getränke eingeführt. Sie existiert noch immer – ebenso wie der ehemals kaiserliche Kanal.

# Hebebühne für große Pötte

Bei der Inbetriebnahme im Jahr 1975 war das Schiffshebewerk Scharnebeck am Elbe-Seitenkanal die größte Anlage dieser Art weltweit. Bis zu hundert Meter lange Schiffe werden hier 38 Meter angehoben oder abgesenkt. Die Frage ist: Wie lange noch?

53° 17' 32'' N, 10° 29' 18'' O

Überragend: Das riesige Hebewerk hebt Schiffe im Elbe-Seitenkanal um 38 Höhenmeter an.

## Schiffshebewerk Scharnebeck

**Ort:** Scharnebeck/Deutschland
**Fertigstellung:** 1975
**Kosten:** 190 Millionen D-Mark
**Bauzeit:** 7 Jahre
**Material:** Stahl, Beton
**Hubhöhe:** 38 Meter
**Transportkapazität:** Schiffe bis 100 Meter Länge und 5800 Tonnen Gewicht

**Fischotter**, Biber, Weißstörche, Wachtelkönige und Obstbaumalleen – östlich von Hamburg liegt ein einzigartiges Naturparadies: die Elbtalaue. Es ist eines der größten deutschen Biosphärenreservate, ein weitgehend naturbelassener Abschnitt der Elbe. Inmitten dieses Naturparadieses befindet sich bei Lüneburg ein einzigartiges technisches Bauwerk: das Schiffshebewerk Scharnebeck. Es liegt im Elbe-Seitenkanal, der die Elbe mit dem Mittellandkanal verbindet. An dieser Stelle der Kanalpassage gilt es, einen Niveauunterschied von 38 Metern zu überwinden. Bei einem Hub dieser Größenordnung hätte man womöglich mehrere Schleusenstufen hintereinander zu einer Treppe anordnen müssen. Der größte Nachteil bei Schleusentreppen besteht darin, dass die Durchfahrt zeitaufwendig ist. Eine Alternative ist ein Hebewerk, das wie ein gigantischer Fahrstuhl Schiffe auf das erhöhte Niveau transportiert. Nach einer langen Planungsphase wurde 1968 mit dem Bau eines Doppelsenkrechtshebewerks begonnen, das bei seiner Einweihung im Jahr 1976 das größte der Welt sein sollte.

Die Herausforderung bei der Planung bestand nicht nur in der Überwindung des Höhenunterschieds von 38 Metern, sondern auch in der Frage der Kapazität: Wie ist es technisch machbar, Binnenschiffe von bis zu 100 Metern Länge und 5800 Tonnen Gewicht schweben zu lassen? Eine weitere Komplikation bestand im zu erwartenden Verkehrsaufkommen. Daher entschied man sich für ein Doppelhebewerk mit zwei Trögen. So können zwei Schiffe zur gleichen Zeit unabhängig voneinander befördert werden. Die dazu erforderliche Konstruktion ruht auf jeweils vier Führungstürmen, zwischen denen ein 12 Meter breiter und 105 Meter langer Trog mit 3,40 Metern Tiefgang geführt wird. Die Tröge werden von Stützrahmen gehalten und von insgesamt 240 jeweils 54 mm starken Stahlseilen angehoben. Der Kraftaufwand für diesen Hebevorgang wird im Wesentlichen von Gegengewichten geleistet, die aus insgesamt 224 Schwerbeton-Scheiben bestehen. Jede einzelne bringt 26,5 Tonnen auf die Waage. Trotz der massiven Unterstützung durch die Schwerkraft benötigt die Anlage einen Antrieb aus vier Drehstrommotoren mit je 160 Kilowatt Leistung, um das Heben und eine kontrollierte Fahrt zu ermöglichen. Die Elektromotoren setzen ein Getriebe in Bewegung, das wiederum die Ritzel antreibt, mit denen der Trog innerhalb von nur drei Minuten die 38 Meter Höhenunterschied überwindet. Sollte es zu einem Störfall – etwa einer Schiffskollision – kommen, während die Anlage in Betrieb ist, würde der Trog auf den neben den Zahnstangen befindlichen Spindeln abgesetzt und gesichert.

Zu der Anlage gehören der untere und der obere Vorhafen. Hier laufen die Schiffe ein, um in den Trog zu fahren, sobald sich die hydraulischen Hubtore öffnen. Der obere

Gern genutzt: Das Schiffshebewerk in Scharnebeck verbucht jährlich ein Aufkommen von etwa 20 000 Wasserfahrzeugen.

Stolze Premiere: Am 5. Dezember 1975 nutzte das erste Schiff die Anlage in Scharnebeck.

Vorhafen ist von Dämmen eingefasst. Aus ihnen ragen die 42,5 Meter langen und 12 Meter breiten Kanalbrücken aus Stahl hervor. Sie stellen eine Verbindung zu den Trögen her und überspannen eine Straße, die durch den oberen Teil der Anlage hindurchführt und beim Befahren interessante Ausblicke ermöglicht.

Am 5. Dezember 1975 fuhr das erste Schiff durch die Anlage. Seitdem haben mehr als 20 000 Schiffe jährlich das Hebewerk genutzt. Die gesamte Passage, inklusive Ein- und Auslaufen, nimmt rund 20 Minuten in Anspruch.

Bedauerlicherweise ist das Schiffshebewerk Scharnebeck am Elbe-Seitenkanal mittlerweile in die Jahre gekommen. Der West-Trog musste 2022 repariert werden, nachdem eine Schweißnaht gebrochen war. Noch wesentlich schlimmer: Die Gebäudesubstanz selbst leidet an sogenanntem Betonkrebs. Dabei handelt es sich um eine alkalische Reaktion von Kieselsäuren und Feuchtigkeit, die schwere Schäden im Beton verursachen kann. In den 1960er- und 1970er-Jahren (und teilweise auch noch später) wurde oft fälschlicherweise Kies mit einem zu hohen Gehalt an löslichen Kieselsäuren verwendet. Mit aufwendigen Sanierungsarbeiten soll versucht werden, die Anlage in Betrieb zu halten, bis ein neues Abstiegsbauwerk für Entlastung sorgt. Es ist bereits in Planung.

Enorme Zeitersparnis: Die gesamte Passage – inklusive Ein- und Auslaufen – nimmt pro Schiff etwa 20 Minuten in Anspruch.

# Storeisund-Brücke

Der Atlanterhavsvegen in Norwegen zählt zu den atemberaubendsten Autorouten der Welt. Manchmal scheint die Strecke direkt durchs Wasser zu führen.

63° 1' 0.31'' N, 7° 21' 16.69'' E

60
10-20
Alle dager

Nationalstolz: Für die Norweger ist die Atlantikstraße das bedeutendste norwegische Bauwerk des 20. Jahrhunderts.

## Storeisund-Brücke

**Ort:** Teilabschnitt der Reichsstraße 64/ Norwegen
**Fertigstellung:** 7. Juli 1989
**Kosten:** 122 Millionen norwegische Kronen (heute umgerechnet ca. 10 Millionen Euro)
**Bauzeit:** 6 Jahre
**Bauherr:** Norwegische Straßenverwaltung (Statens Vegvesen)
**Material:** Beton, Asphalt
**Gesamtlänge:** 8274 Meter
**Durchfahrtshöhe für Schiffe:** 23 Meter (Storeisund-Brücke)

**Von oben betrachtet** könnte man glauben, man sieht ein Fabelwesen. Wie ein riesiges Seeungeheuer windet es sich übers Meer und scheint nach den Inseln zu greifen. Kann es sein, dass das Monster von Loch Ness in Norwegen aufgetaucht ist?

Was sich hier auf einer Länge von 8274 Metern tatsächlich über Felsgestein und Nordmeerbrandung schlängelt, ist der »Atlanterhavsvegen«, zu Deutsch: die Atlantikstraße. Dieses Teilstück der Reichsstraße 64, die die norwegischen Städte Molde und Kristiansund verbindet, wird verlässlich immer wieder in die Top Ten der Traumstraßen der Welt gewählt. Die Norweger selbst erklärten den »Atlanterhavsvegen« zum bedeutendsten norwegischen Bauwerk des 20. Jahrhunderts. Also jede Menge Lorbeeren für eine Straße, die nicht einmal neun Kilometer lang ist ...

Die Geschichte des Atlanterhavsvegen begann vor mehr als hundert Jahren. Damals kam erstmals die Idee auf, die zerklüfteten und oftmals sturmumtosten Inseln Skarvøja, Eldhusøya und Geitøya mittels einer Bahnlinie mit dem Festland zu verbinden. Der kleine Archipel am Ausgang eines weitläufigen Fjords, der sich zum Nordmeer öffnet, war bei schlechtem Wetter mitunter tagelang von der Welt abgeschnitten. Eine Eisenbahnverbindung sollte das ändern. Doch schnell wurde deutlich, wie kompliziert hier das Bauen eines Schienenstrangs sein würde. Die Strömungen innerhalb des Fjords erschienen zu stark, und bei Sturm erreichten die Wellenhöhen oft zehn und mehr Meter.

Erst 1970 griff man die Idee wieder auf. Den Bahn-Gedanken legte man beiseite, stattdessen begann man mit der Planung einer Straße, dem Atlanterhavsvegen. Im Jahr 1983 erfolgte der Startschuss für die Bauarbeiten, die sich vor allem aufgrund der heftigen Stürme als herausfordernd erwiesen. Immerhin zwölf Orkane mussten die Arbeiter während der Bauzeit abwettern.

Dennoch wurde das Projekt termingerecht fertig. Das hängt damit zusammen, dass bei der Planung des Streckenverlaufs die natürlichen Gegebenheiten so weit wie möglich einbezogen wurden. Die Vorgabe war: minimalinvasives Bauen. Auf diese Weise sollten Kosten und Zeit gespart und die Natur geschont werden.

Wer heute dem Atlanterhavsvegen folgt, sieht und spürt, dass die Landschaft mit ihren Windungen, Höhen und Gefällen die Straßenführung vorgab. Meeresfelsen und Inseln wurden zu Fundamenten und Ankerpunkten.

Besonders spektakulär gelang die Storseisund-Brücke aus Spannbeton, die mit 260 Metern die längste der sechs Brücken ist, die die Atlantikstraße zusammenführen. Sie scheint sich aufzubäumen, um in einer Höhe von bis zu 23 Metern den Sund zu überqueren, um dann in einer Schussfahrt in einen Straßenabschnitt zu münden, der bei Sturm regelmäßig

Schwungvoll: Der Atlanterhavsvegen ist knapp neun Kilometer lang und führt über sechs Brücken.

von der Gischt der Brandung überrollt wird. Immer wieder hat man das Gefühl, dass diese Straße nicht nur über Land, sondern mitten durch das das tosende Nordmeer führt. So wird die Reise über den Atlanterhavsvegen vor allem bei rauem Wetter zum unvergesslichen Abenteuer.

Zur Streckenführung gehören neben der Storeisund-Brücke fünf weitere Brücken:

- die Lille-Lauvøysund-Brücke – 115 Meter lang und 7 Meter hoch
- die Store-Lauvøysund-Brücke – 52 Meter lang und nur 3 Meter hoch
- die Geitøysund-Brücke – 52 Meter lang und 6 Meter hoch
- die Hulvågen-Brücke – 239 Meter lang und 4 Meter hoch
- die Vevangstraumen-Brücke – 119 Meter lang und 10 Meter hoch.

Am 7. Juli 1989 wurde der Atlanterhavsvegen für den Verkehr freigegeben. Die ersten zehn Jahre nach Eröffnung kostete die Fahrt eine Mautgebühr, um die Baukosten wieder hereinzuholen. Mittlerweile bietet die Strecke ein gebührenfreies Fahrvergnügen.

Kostenlos erhält man atemberaubende Ausblicke und Perspektiven auf die felsige Wasserwelt. Kein Wunder, dass die spektakuläre Strecke in vielen Filmen zu sehen ist. Im Jahr 2019 fanden hier Dreharbeiten für den zwei Jahre später erscheinenden James-Bond-Film »Keine Zeit zu sterben« statt. Vielleicht ist der Atlanterhavsvegen eine der schönsten Antworten auf die Frage, wie es gelingen kann, Naturgewalten zu bändigen, ohne sie zu zähmen oder gar zu unterdrücken. Tatsache ist: An dieser Stelle der Welt wurden Straße und Landschaft auf eine elegante und respektvolle Weise zusammengefügt. Vielleicht kein Wunder. Aber wunderschön.

# Schleusen im Doppelpack

Der Panamakanal war und ist eine der wichtigsten Verkehrsadern der Erde. In nur neun Jahren wurde er umgebaut, um Platz für größere Schiffe zu schaffen. Dabei entstanden auf beiden Seiten neue, noch größere Schleusen.

9° 4' 48'' N, 79° 40' 48'' W

Hapag-Lloyd
EUKOR

COLUMBUS

Mit Geduld: Die vollständige Fahrt durch den Panamakanal dauert im Schnitt etwa zwölf Stunden. Hinzu kommen oft lange Wartezeiten vor dem Kanal.

## Panamakanal

**Ort:** Panama
**Fertigstellung des Kanalumbaus:** 2017
**Kosten:** ca. 5 Milliarden Euro
**Bauzeit:** 9 Jahre
**Betreiber:** Panama-Kanalbehörde (ACP)
**Maße der neuen Schleusen:** 427 Meter lang, 55 Meter breit, 18,3 Meter tief
**Material:** Stahl, Beton
**Gesamtlänge des Kanals:** 82 Kilometer

**Jede Geschichte** hat eine Vorgeschichte. Die Vorgeschichte des Panamakanals begann mit einem Gewaltmarsch im Jahre 1513. Dem Glücksritter und Abenteurer Núñez de Balboa gelang es, den spanischen König davon zu überzeugen, ihm ein Expeditionskorps zur Verfügung zu stellen. Er wollte sich im heutigen Panama vom Atlantik durch unwegsamsten Urwald gen Westen durchkämpfen. Nach 24 entbehrungsreichen Tagen erblickte er von einer Anhöhe als erster Europäer das »Mar del Sur«, wie er es nannte – das Südmeer, das wir heute als Pazifik kennen. Wenige Tage später hatte er die Küste am Golf von San Miguel erreicht und stellte fest, dass das Wasser salzig schmeckte. Da war er also, der neue Ozean, von dem bis dahin niemand wusste, dass er existierte, der aber die Fantasie sofort immens beflügelte. Bereits 1527 überlegten die Spanier, wo ein Kanal verlaufen könnte, der den Atlantik und den Pazifik miteinander verbindet. Bei diesen Überlegungen blieb es für lange Zeit. 368 Jahre später begannen etwa 200 Kilometer nördlich der Stelle, an der Balboa einen Schluck Pazifikwasser gekostet hatte, die Arbeiten am heutigen Panamakanal. Nun endlich sollte der Pazifik durch das Land hindurch mit dem Atlantik verbunden werden, sodass Schiffe nicht mehr den 15 000 Kilometer weiten Weg um Kap Hoorn nehmen mussten, um von der Ost- an die Westküste Amerikas zu gelangen. Stattdessen war nur noch ein 82 Kilometer kurzer Durchstich an der schmalsten Stelle Mittelamerikas zu bewältigen.

Die Pläne waren ambitioniert, die Durchführung kompliziert. Zunächst verfolgten mehrere französische Konsortien das Kanalprojekt. Glücklos. Sie gaben auf oder gingen bankrott. Im Jahr 1902 übernahmen die USA und brachten das Projekt nach diversen Rückschlägen 1914 endlich erfolgreich zu Ende.

Doch dann kam der Erste Weltkrieg, und der Kanal wurde erst 1920 für den internationalen Schiffsverkehr freigegeben. Vertraglich hatten sich die USA sämtliche Nutzungs- und Bestimmungsrechte gesichert. Erst 1999 übergaben sie den Kanal offiziell an Panama – unter der Bedingung strikter Neutralität: Egal welcher Nationalität, jedes Schiff darf den Kanal nutzen. Auch Kriegsschiffe.

Der Wert eines Kanals und seiner Schleusen wird in der Regel nach Größe und Kapazität bemessen. Daraus ergibt sich mitunter folgendes Problem: Je größer und länger die Frachter werden, desto mehr droht eine Wasserstraße an Bedeutung zu verlieren, weil sie zu klein wird. Dieses Schicksal drohte auch dem Panamakanal. Doch er war (und ist) für den weltweiten Seehandel so bedeutend, dass nach seinen Maßen eine eigene Schiffsklasse definiert wurde: die Panamax. Frachter dieser Klasse dürfen maximal 294,1 Meter lang und 32,3 Meter breit sein, mit einem Tiefgang von höchstens 12,04 Metern. Das ist so knapp bemes-

In drei Schritten: Der Kanal verläuft durch drei Schleusen. Schiffe werden darin um 26 Meter angehoben bzw. abgesenkt.

## Grandiose Abkürzung: Der Kanal erspart Schiffen den weiten und gefährlichen Weg um Kap Hoorn.

sen, dass beim »Einparken« eines Panamax-Schiffes in eine der Schleusen an jeder Seite nur 61 cm Platz bleiben. Hinzu kommt, dass die Containerschiffe aufgrund des Tiefgangs oft nicht voll beladen sein dürfen.

Die Kapazitätswährung der modernen Container-Schifffahrt berechnet sich in der Einheit TEU. Die Abkürzung steht für Twenty-Foot Equivalent Unit, also einen 20-Fuß-Standard-Container. Der ist umgerechnet 6,058 Meter lang, 2,438 Meter breit und 2,591 Meter hoch. Panamax-Schiffe können maximal 8000 TEU-Container befördern und liegen damit im Mittelfeld der Frachtschiffgrößen. Im Panamakanal betrug die maximale Beladung wegen der geringen Tiefe der Fahrrinne bis zum Jahr 2016 nur 4400 TEU.

2007 begannen die Bauarbeiten, um den Panamakanal für größere Schiffe bis zu 17 000 TEU nutzbar zu machen. Diese Riesen sind bis zu 366 Meter lang, 49 Meter breit und haben einen Tiefgang von bis zu 15 Metern. Sie werden als Neopanamax-Klasse bezeichnet. Für Frachter dieser Größenordnung musste nicht nur die Fahrrinne vertieft und verbreitert werden. Es galt zudem, sowohl auf der Atlantik- als auch auf der Pazifik-Seite, neue und wesentlich größere Schleusen zu bauen.

Beachtliche Ausmaße: Die neuen Schleusenklammern sind 55 Meter breit und 427 Meter lang.

## Zwischen den Ozeanen: Der Panamakanal ist eine der meist befahrenen künstlichen Wasserstraßen der Welt. Er verbindet den Atlantik im Norden mit dem Pazifik im Süden.

Neun Jahre Bauzeit waren nötig, um den Kanal umzurüsten. Ein paar beeindruckende Zahlen: Bei den Erdarbeiten fielen 150 Millionen Kubikmeter Abraum an. Für den Bau der neuen Schleusen wurden 12 Millionen Tonnen Zement verbaut, zudem 192 000 Tonnen Stahl. Insgesamt waren 40 000 Arbeiter auf der Baustelle tätig. Knapp fünf Milliarden Euro hat der Umbau gekostet.

Das Schleusenproblem wurde gelöst, indem sowohl auf der atlantischen als auch auf der pazifischen Seite je eine neue Schleusenanlage errichtet wurde, deren Kammern 55 Meter breit und 427 Meter lang sind. Die alten Schleusen wurden indes nicht stillgelegt, sondern blieben erhalten, sodass jetzt im Doppelpack geschleust werden kann: Panamax-Schiffe in den alten Schleusen, Frachter der Neopanamax-Klasse in den neuen Anlagen.

Doch der Kanal hat einen immensen Wasserbedarf, und zwar umso größer, je mehr Schiffe den Wasserweg nutzen. Anders als etwa der Suezkanal, verläuft der Panamakanal nicht auf Höhe des Meeresspiegels, sondern überquert in 26 Meter Höhe eine Hügelkette, die sich durch die Landenge zieht. Die Schleusen sorgen dafür, dass die Schiffe diesen Höhenunterschied überwinden können, und zwar allein mit Hilfe der Schwerkraft, die Wasser aus den höchsten Abschnitten des Kanals bergab fließen lässt. Die Schleusen füllen sich stets mit Wasser aus dem höher liegenden Teil des Kanals; wird ein Schiff abgesenkt, lässt die Schleuse das Wasser auf dem niedrigeren Niveau wieder ab. Auf diese Weise kommen die Schleusen völlig ohne Pumpen aus. Aber: Für jedes Schiff, das den Kanal durchquert, fließen Tausende Tonnen Wasser aus dem Kanal ins offene Meer. Zwar verfügen die neuen Schleusen über Speicherbecken, die einen Teil des Wassers auffangen, das für den nächsten Schleusengang wiederverwendet wird – doch die deutlich größeren Kammern brauchen auch mehr davon. Wasserknappheit ist im Panamakanal schon lange ein Problem und hat in der Vergangenheit immer wieder dazu geführt, dass die Zahl der Schleusungen reduziert werden musste. Bis zu 40 Schiffe passieren täglich den Panamakanal. Der Ausbau gewährleistet, dass heute 96 Prozent aller Schiffe den Kanal passieren können. Doch die Entwicklungen auf den Werften schreiten voran, die Tonnagen werden größer, weil größere Schiffe rentabler sind und für die Reedereien noch mehr Geld einfahren können.

Schon jetzt gibt es noch gewaltigere Tanker und Containerschiffe, die aufgrund ihrer Größe und ihres Tiefgangs den ausgebauten Panamakanal nicht nutzen können. Man nennt sie »Capesizer«, weil ihnen der Weg um Kap Hoorn nicht erspart bleibt.

Schiffshebewerk Niederfinow

# Ungleiche Zwillinge

Das Schiffshebewerk Niederfinow ist das älteste seiner Art, das in Deutschland noch betrieben wird. Weil es aber überlastet ist, bekam es mit fast 90-jähriger Verspätung einen Zwillingsbruder an die Seite gestellt.

52° 50' 56'' N, 13° 56' 29'' E

Blick von oben: Langsam senkt sich der mit Wasser gefüllte Trog des neuen Schiffshebewerks auf die untere Kanalebene ab.

## Schiffshebewerk Niederfinow

**Ort:** Niederfinow/Deutschland
**Fertigstellung:** 21. März 1934
**Ingenieur:** Alfred Loebell
**Kosten:** 275 Millionen Reichsmark
**Bauzeit:** 6 Jahre
**Material:** Beton, Stahl
**Länge:** 94 Meter
**Höhe:** 60 Meter
**Hubhöhe:** 36 Meter

**Der Oder-Havel-Kanal** verbindet Berlin mit dem polnischen Szczecin (vormals Stettin). Nahe der 600-Seelen-Gemeinde Niederfinow in Brandenburg führt die Schifffahrtstraße an einem seltsam ungleichen Zwillingspaar vorbei. Leicht versetzt stehen sich hier zwei Gebäude gegenüber, die durch ihre Architektur sofort als Geschwister zu erkennen sind – und doch entstanden sie in einem zeitlichen Abstand von 90 Jahren. Es handelt sich zum einen um das älteste Schiffshebewerk Deutschlands, das noch betrieben wird. Auf der anderen Seite befindet sich das neueste und modernste deutsche Schiffshebewerk, das 2022 für den Schiffsverkehr freigegeben wurde. Während der ältere Bruder noch immer die kleineren Schiffe (bis 85 Meter Länge) abfertigt, kann es der jüngere mit bis zu 115 Meter langen Binnenfrachtern aufnehmen.

Ursprünglich gab es an dieser Stelle des Kanals eine Schleusentreppe, um den Höhenunterschied von 36 Metern im Kanalverlauf zu überwinden. Aber schon zu Beginn des 20. Jahrhunderts dachte man über eine effektivere Lösung nach. Ausschlaggebend waren zwei Überlegungen: Das Schleusen war umständlich und nahm viel Zeit in Anspruch. Außerdem hat der Kanal hier seine höchste Scheitelhaltung – was bedeutet, dass nirgendwo sonst im Verlauf der Wasserpegel höher ist. Dies bringt das Problem mit sich, dass immer wieder Wasser von außen nachgeführt werden muss, um den Stand zu halten. Schleusentreppen aber verursachen ein ständiges Abfließen von Wasser, was das Problem der Wasserzufuhr verstärkt. Hebewerke hingegen leisten ihre Arbeit ganz ohne Wasserverlust.

Nach einer 17-jährigen Ausschreibungs- und Planungsphase, in der ein Entwurf erst angenommen und dann doch verworfen wurde und ein Weltkrieg das Projekt verzögerte, begann man 1925 mit den Vorbereitungsarbeiten zum Bau eines Senkrechthebewerks.

Zunächst wurde mit über 300 Tiefenbohrungen ein Bodenprofil des Baugrunds erstellt. Daraus ergab sich, dass die Baustelle weiter vom Hang abgerückt werden musste als ursprünglich geplant. 1927 war der offizielle Baubeginn. Im Jahr darauf wurde die Baugrube zunächst zehn Meter tief ausgehoben – bis zur Grundwassergrenze. Da war man aber noch weitere zehn Tiefenmeter vom tragfähigen Baugrund entfernt. Um den empfindlichen Wasserhaushalt im Boden nicht zu stören, entschied man sich dagegen, das Grundwasser abzupumpen. Stattdessen wurde mithilfe von zwei riesigen stählernen Senkkästen weitergegraben. Die Kästen hatten Grundflächen von bis zu 300 Quadratmetern, wurden aus Stahlplatten zusammengenietet und mit Beton umhüllt. An den Unterkanten war der Stahl zu scharfen Schneiden geschliffen, und so konnte sich die Konstruktion durch ihr Eigengewicht tief ins Erdreich krallen. Das Grundwasser wurde durch Pressluft nach außen

Das alte Schiffshebewerk von Niederfinow ist noch in Betrieb, aber schon jetzt ein Industriedenkmal.

verdrängt. Dadurch entstand ein trockener Innenraum, in dem weitergegraben werden konnte. Der Aushub wurde durch eine Öffnung in der Decke nach draußen befördert, und durch das Gewicht sackte die Konstruktion im Verlauf der Erdarbeiten stückweise immer tiefer, bis die Gründungstiefe, zehn Meter unterhalb des Grundwassers, erreicht war. Jetzt konnten die 22 beziehungsweise 29 Meter langen Pfeiler, die die Kanalbrücke tragen sollten, in die Kästen eingelassen werden. Anschließend wurden diese mit Beton ausgegossen.

Fit für die nächsten 90 Jahre? Das neue Schiffshebewerk Niederfinow Nord nahm erst 2022 seinen Betrieb auf.

## Ungleiches Zwillingspaar: Während der ältere Bruder das älteste noch betriebene Schiffshebewerk Deutschlands ist, ist der jüngere Bruder das neueste und modernste.

Niederfinow war mit einer Hubhöhe von 36 Metern seinerzeit das größte Schiffshebewerk der Welt. Bei der Konstruktion wurden technische Lösungen erarbeitet, die sich als richtungsweisend herausstellen, und noch 100 Jahre später, beim Bau des Hebewerks am Drei-Schluchten-Staudamm in China, angewendet werden sollten. Herzstück der Anlage in Niederfinow ist der mit Wasser gefüllte Trog – eine Art Swimmingpool für Schiffe. In diesem Trog wird das Schiff wie in einem Fahrstuhl nach oben transportiert. Tatsächlich sind es wie beim Aufzug austarierte Gegengewichte, die mittels Schwerkraft die Beförderung ermöglichen. Um die Fahrt zu kontrollieren und um Reibungswiderstände zu überwinden, genügen vier kleine Antriebsmotoren mit jeweils 75 PS. So kann ein 1000 Tonnen schweres Schiff scheinbar mühelos angehoben werden. Das größte Problem bei Hebewerken dieses Typs besteht darin, den mit Wasser gefüllten Trog samt Ladung während der Fahrt stabil zu halten. Dazu muss eine möglichst große Verteilung der Kräfte gewährleistet sein. Um dies sicherzustellen, wurde der Trog an 256 Stahlseilen befestigt, an denen sich Gegengewichte befinden. Die große Anzahl der Befestigungspunkte sorgt dafür, dass die Last gut ausbalanciert werden kann. Was auf keinen Fall passieren sollte, ist ein Aufschaukeln des Trogs. Um das zu verhindern, wurden Drehriegel in den Antriebsmechanismus eingesetzt. Im Fall einer Gleichgewichtsstörung wird der Antrieb sofort abgeschaltet und der Hebemechanismus verriegelt, sodass Trog und Ladung augenblicklich gesichert sind.

Bei störungsfreier Fahrt dauert der Hebevorgang fünf Minuten. Oben angekommen, werden die Trogtore geöffnet, und das Schiff läuft über eine 157 Meter lange, mit Wasser gefüllte Brücke – die sogenannte Kanalbrücke – in den Oberlauf des Kanals ein und kann seine Fahrt fortsetzen. Vom Einfahren bis zum Verlassen des Hebewerks nimmt der Vorgang insgesamt 20 Minuten in Anspruch.

Nach neun Jahren Vorbereitungs- und Bauzeit ging das Schiffshebewerk Niederfinow am 21. März 1934 in Betrieb. Obwohl es während des Zweiten Weltkriegs in der Gegend schwere Luftangriffe gab, bekam das Hebewerk keinen einzigen Treffer ab und konnte nach dem Krieg seinen Betrieb wieder aufnehmen. In 90 arbeitsreichen Jahren hat es rund 200 Millionen Tonnen Güter transportiert. Wahrscheinlich wird es seinen 100. Geburtstag im aktiven Dienst nicht mehr begehen können. Geplant ist, dass es 2025 in den Ruhestand versetzt wird. Doch noch ist es in Betrieb. Sein jüngerer Zwillingsbruder, das Schiffshebewerk Niederfinow Nord, übernimmt mittlerweile die Hauptlast der Arbeit. Verschwinden wird das alte Hebewerk jedoch nicht. Es steht als Industriedenkmal unter besonderem Schutz.

Geschwisterpaar: links das neue Schiffshebewerk, rechts sein 90 Jahre älterer Bruder. Beide arbeiten Seite an Seite.

# Napoleons Vermächtnis

Im Jahr 1801 gab Napoleon ein Bauprojekt in Auftrag, wie es die Welt noch nicht gesehen hatte. Er wies seine Ingenieure an, bei Riqueval auf einer Länge von fast sechs Kilometern einen schiffbaren Tunnel durch einen Berg graben zu lassen. Die Bauzeit betrug neun Jahre und gelang ganz ohne Maschinenkraft.

49° 57' 2,5'' N, 3° 14' 9'' O

## Riquevaltunnel

**Ort:** Riqueval/Frankreich
**Fertigstellung:** 1810
**Ingenieur:** A. N. Gayant
**Bauzeit:** 9 Jahre
**Material:** Naturstein
**Länge:** 5670 Meter
**Fahrzeit im Tunnel:** ca. 2 Stunden
**Höchstgeschwindigkeit:** 2,8 km/h

**Am Tunneleingang** von Riqueval – dem sogenannten »Mundloch« – befindet sich eine graue Steintafel. In goldenen Lettern steht darauf geschrieben: »Kaiser und König Napoleon hat den Canal de St. Quentin eröffnen lassen. Er verbindet das Gebiet der Seine mit dem der Schelde, er wurde begonnen im Jahre 1801 und vollendet im Jahre 1810 unter den Ministern Graf Cretét und Montalivet. Dieser Canal de St. Quentin stand in seiner Ausführung unter der Leitung von A. N. Gayant.« In gravitätischen Worten wird hier ein Bauwerk gefeiert, dass als technische Meisterleistung seiner Epoche gilt und zugleich von unvorstellbarer Knochenarbeit der Männer zeugt, die diesen Tunnel durch massives Gestein graben mussten.

Wir befinden uns im Norden Frankreichs, im Departement Aisne unweit der belgischen Grenze. Die Gegend war während des 1. Weltkriegs umkämpft, aber auch schon zu Napoleonischer Zeit gab es hier eine Schlacht. Die Landschaft ist waldreich und von Kalkstein durchzogen. Und so ein Kalksteinmassiv südlich von Bellicourt war beim Bau des Kanals von Saint-Quentin im Wege. Napoleon dachte als Feldherr und Staatsmann in für seine Zeit modernen Dimensionen. Ihm war klar, dass die von ihm angestrebte militärische Größe Frankreichs nicht ohne die Entwicklung der Wirtschaft und der Infrastruktur zu realisieren wäre. Ein wichtiger Faktor war die Versorgung französischer Hochöfen mit Kohle aus den Bergwerken Belgiens. Doch der Transport war mühsam und langwierig, da es Anfang des 19. Jahrhunderts in der Region keinen durchgehenden Wasserweg für Binnenschiffe gab. Daher befahl Napoleon den Bau des Riquevaltunnels, durch die der Saint-Quentin-Kanals mit der Schelde verbunden werden sollte.

Baubeginn war im Jahr 1801. Napoleon war gerade von seinem Italien-Feldzug heimgekehrt und hatte Kriegsgefangene mitgebracht. Sie wurden zur Zwangsarbeit herangezogen und begannen mit Spitzhacken, den Fels zu bearbeiten. Neun Jahre dauerte es, bis sie ausschließlich mit Muskelkraft einen 5,67 Kilometer langen Tunnel in den Berg geschlagen hatten – eine unvorstellbare Leistung.

Der Tunnel ist 5,2 Meter breit – an der schmalsten Stelle sogar nur 4,4 Meter. Links und rechts wurden ursprünglich 1,4 Meter schmale Treidelpfade in den Fels gehauen. So konnten (und mussten) die Schiffsbesatzungen ihre Lastkähne zunächst selbst an Seilen durch den Tunnel ziehen. Das war kraftraubend und ging nur langsam voran. 20 Stunden dauerte die Treidelzeit. Weil der Kanaltunnel so schmal war, konnte er auch nur jeweils in einer Richtung befahren werden. Alle zwei Tage wurde die Durchfahrtsrichtung gewechselt. 1840 verkürzte man das Verfahren, in dem Treidler am Tunnel bereitstanden. Zehn Mann zogen jeweils 20 Tonnen. Dadurch verkürzte sich die Durchfahrtszeit auf 7–8 Stunden. Doch es gab ein Problem: Weil die Binnenschiffe größer wurden und mehr Ladung fassten, nahm der Wasserwiderstand zu. Denn das vom Schiff verdrängte Wasser muss

Eingang in die Unterwelt: Das Mundloch zum Schiffstunnel von Riqueval.

am Rumpf vorbei nach hinten fließen können. Da der Kanal aber so eng war, wurde der Widerstand durch schnelleres Ziehen von immer größeren Lasten dementsprechend auch größer. Die Folge: Das Treideln war noch mühsamer und dauerte wieder deutlich länger.

Besser wurde es erst 1861, als einer der beiden Treidelwege entfernt wurde, was dazu führte, dass der Kanal nun 6,6 Meter breit war. Der Wasserwiderstand wurde dadurch erheblich verringert. Es folgten Versuche mit Pferden und dampfbetriebenen Schleppern.

Die mit Kohle beheizten Schleppboote sorgten allerdings für eine Rauchentwicklung im Tunnel, der die insgesamt neun Wetterschächte, die der Belüftung dienen, nicht gewachsen waren.

1906 – also fast 100 Jahre nach der Fertigstellung des Tunnels – war das Antriebsproblem endlich gelöst. Seitdem werden elektrisch betriebene Kettenschleppschiffe eingesetzt, von denen eines bis heute zweimal täglich im Riquevaltunnel verkehrt. Das zweite, die »Ampere I.«, liegt vor dem Tunneleingang und kann besichtigt werden.

Ein Kettenschleppschiff nutzt zur Fortbewegung eine acht Kilometer lange (und 96 Tonnen schwere) Kette, die auf dem Grund des Kanals verlegt worden ist. Diese Kette wird auf Rollen über das Deck des Schiffs geführt und von einem Elektromotor angetrieben. Der Schlepper kann auf diese Weise bis zu 32 Binnenkähne – sogenannte Pénichen – mit einer Geschwindigkeit von ca. 2,8 km/h ziehen. Die Durchfahrt durch den Tunnel dauert somit etwa zwei Stunden. An der Decke ist eine doppelpolige Oberleitung für die Stromzuführung angebracht, die an beiden Tunnelenden noch ca. 200 Meter weitergeführt wird, damit die Kettenschleppschiffe mit der benötigten elektrischen Energie versorgt werden können. Bis heute dürfen Schiffe den Tunnel nicht selbst befahren, sondern müssen hindurchgezogen werden.

# Stufenweise abwärts

Im schwedischen Götakanal existiert bei Berg eine historische Schleusentreppe mit sieben Kammern, in denen Schiffe Schritt für Schritt hinunter zum Roxen-See absteigen. Sie zu durchfahren, gleicht der Entdeckung der Langsamkeit.

62° 46' 0.12' N, 14° 25' 59.88'' E

## Götakanal

**Ort:** Berg/Schweden
**Fertigstellung der Schleusen:** 1820
**Bauzeit:** 2 Jahre
**Material:** Stein
**Höhenunterschied:** 18 Meter
(mit den Doppelschleusen 30 Meter)
**Betreiber:** Göta-Kanal-Gesellschaft

**Es war in puncto Körperkraft** ein Unterfangen, das unsere heutige Vorstellungskraft übersteigt. Am 24. Mai 1810 begannen in Schweden die Bauarbeiten zur Errichtung des Göta-Kanals. Mehrere Jahrhunderte lang hatten die Schweden von einer Wasserstraße geträumt, die Göteborg mit Stockholm verbindet. Ihr Wunsch war, dass Fracht- und Personenschiffe nicht mehr den Øresund passieren müssen, in dem (ärgerlicherweise) Dänemark Hoheitsrechte besaß und von jedem schwedischen Schiff eine Sundgebühr kassierte. Ein Kanal sollte diesen Zustand beenden.

Anfang des 19. Jahrhunderts einen 87,3 Kilometer langen, 26 Meter breiten und 3 Meter tiefen Kanal auszuheben, war ein gewaltiger Kraftakt. Maschinen gab es noch nicht. Alles musste von Hand erledigt werden: das Graben, das Beladen der Wagen mit Aushub, das Abladen, das Weitergraben. 58 000 Männer kämpften sich 20 Jahre lang mit Spaten, Spitzhacken und Schaufeln durch schwedische Erde. Wobei die Spatenblätter noch nicht aus Stahl geschmiedet waren, sondern aus Holz und Blech bestanden. Es war überaus mühselig. Der Arbeitstag wurde in Schichten eingeteilt und dauerte von 4 Uhr morgens bis 20 Uhr abends. Als im Jahr 1832 das Bauwunder vollbracht war und der schwedische König den Kanal einweihen konnte, hatten die Bauarbeiter unglaubliche 84 Millionen Stunden im Schweiße ihres Angesichts geschuftet.

Auf seinem Weg durch Schweden verbindet der Kanal nun fünf Seen: Asplången, Boren, Roxen, Vättern und den Viken. Insgesamt gilt es dabei, einen Höhenunterschied von 91,5 Metern zu meistern. Das bedeutet: Es muss geschleust werden. Eine Attraktion stellt die Schleusentreppe von Berg dar, wo der Kanal in den Roxen-See mündet. Hier müssen 40 Höhenmeter beim Ab- und Aufstieg in den See überwunden werden, was mit einer einzigen Schleuse nicht zu leisten ist. Für derartige Höhenunterschiede würde man heute ein hydraulisches Schiffshebewerk bauen, was damals technisch nicht möglich war.

Die Lösung des Problems bei Berg war daher eine Schleusentreppe. Ihre sieben Kammern wurden zwischen 1819 und 1820 aus großen behauenen Granitquadern gefertigt, sie sind bis heute in Betrieb. Dabei wurden mehrere Schleusen hintereinander gebaut – eine tiefer als die vorangegangene –, bis der Höhenunterschied bewältigt war.

Fährt ein Schiff in die erste Schleuse ein, wird beim Abwärtsschleusen Wasser abgelassen, sobald das Einfahrtstor geschlossen ist Der Vorgang dauert so lange, bis der Pegel dieser Kammer und der nächsten ausgeglichen sind. Dann erst öffnet sich das Ausgangstor, das zugleich die Einfahrt in die nächste Kammer ermöglicht. Man kann sich vorstellen, dass dieser stufenweise Ab- oder Aufstieg durch alle Kammern eine gute Zeit dauert. Bei der Carl-Johans-Schleusentreppe von Berg müssen sieben Kammern plus zwei Doppelschleusen durchlaufen werden. Die Passage der Schleusentreppe dauert eine Stunde. Allerdings kann die Wartezeit bei hohem Verkehrsaufkommen nochmal mehrere

Vertauschte Rollen: Oben fließt der Götakanal, unten der Autoverkehr.

Immense Erwartungen: Mehr als 100 Jahre lang hatten die Schweden von einer Wasserstraße geträumt, die Göteborg mit Stockholm verbindet. Heute dient der Kanal vor allem dem Freizeitvergnügen.

Stunden betragen. Geschleust werden Schiffe von einer Länge bis zu 30 Metern, 7 Metern Breite und einem Tiefgang von maximal 2,82 Metern.

Baulich galt der Göta-Kanal als ein Weltwunder seiner Zeit – wirtschaftlich war er eher eine Enttäuschung. Der technische Fortschritt brachte Konkurrenz mit sich, die man sich bei Baubeginn nicht hatte vorstellen können: Denn nur wenige Jahrzehnte nach der Fertigstellung des Kanals wurden Pläne einer Eisenbahnlinie zwischen Stockholm und Göteborg umgesetzt. Auf der Schiene konnte der Güter- und Personentransport wesentlich schneller bewältigt werden als auf

## Beliebtes Ausflugsziel: Besucher kommen, um zu schauen – und um zu staunen.

dem Wasser. Ab 1857 verzichteten die Dänen zudem auf die Sundgebühr, über die sich Schweden so lange geärgert hatte. Das machte die Binnenschifffahrt zunehmend unrentabel. Dennoch sind die Schweden heute mächtig stolz auf ihren Kanal mit seinen historischen Schleusen. Er stellt ein wertvolles technisches und kulturelles Erbe des Landes dar. Im Jahr 2000 wurde der Kanal nach einer Umfrage zu Schwedens Bauwerk des Jahrtausends ernannt.

Frachtschiffe verkehren hier schon lange nicht mehr. Der Kanal dient allein dem Freizeitvergnügen und ist eines der beliebtesten Ausflugsziele Schwedens. Drei Millionen Besucher kommen jährlich, um die historische Wasserstraße zu nutzen – oder einfach nur, um zu staunen. Vor allem die Schleusentreppe von Berg ist ein touristischer Magnet. Hier kann man im Sommer Kaffee trinken und dem Ab- und Aufschleusen zuschauen, Meter für Meter, Treppenstufe für Treppenstufe. Es ist weniger ein Spektakel als vielmehr die Entdeckung der Langsamkeit, die die Menschen im Sommer hierherlockt.

Wer das große historische Kanalerlebnis sucht, kann eine Fahrt auf der »MS Juno« buchen, dem ältesten noch in Betrieb befindlichen Passagierschiff der Welt, das 1874 vom Stapel gelaufen ist. Es braucht für die Strecke von Göteborg nach Stockholm vier Tage. Genauso lange dauerte die Reise auch schon 1832.

Ausgezeichnet: Die Schweden sind stolz auf ihre historische Wasserstraße. Sie wählten den Kanal im Jahr 2000 zum »Bauwerk des Jahrtausends«.

# Schweben statt schwimmen

In dem kleinen Ort Osten zwischen Hamburg und Cuxhaven gab es Ende des 19. Jahrhunderts Menschen, die besonders fortschrittlich dachten. Anstelle einer gewöhnlichen Schwimmfähre über die Oste ließ man ab 1909 Fuhrwerke (und später Autos) über das Wasser schweben.

53° 69' 37.26'' N, 9° 18' 25.91'' E

## Schwebefähre Hemmoor

**Ort:** Osten-Hemmoor/Deutschland
**Fertigstellung:** 1909
**Kosten:** 180 000 Reichsmark
**Bauzeit:** ca. 10 Monate
**Material:** Stahl
**Länge:** 90 Meter
**Höhe:** 38 Meter
**Durchfahrtshöhe:** 21 Meter
**Antrieb:** Elektromotor mit 13 kW Leistung

**Es ist die vielleicht** am wenigsten bekannte deutsche Ferienroute: Die Deutsche Fährstraße wurde im Mai 2004 eröffnet und verbindet Kiel mit Bremervörde. Auf 250 Kilometern werden insgesamt 50 Brücken, Schleusen, Sperrwerke und Fähren passiert. Die maritime Traumstraße verbindet eindrucksvolle Monumente an der Oste, der Unterelbe, am Nord-Ostsee-Kanal und in der Kieler Förde.

Ausgeschildert sind drei verschiedene Streckenführungen (für Radfahrer, für Autofahrer, für Wassersportler). Zu den Höhepunkten zählt die Ostefähre Gräpel, die noch vom Fährmann per Muskelkraft ans andere Ufer gezogen wird (»Fährmann, hol över!«). Ein paar Kilometer flussabwärts gibt es ein weiteres Highlight zu entdecken: die Schwebefähre von Osten-Hemmoor, die auf einer Strecke von 90 Metern die Oste überquert.

Blicken wir zurück: Am 10. Mai 1899 hatte sich der Gemeinderat von Osten nach langen Beratungen und hitzigen Diskussionen dazu entschlossen, den Bau einer Schwebefähre in Auftrag zu geben, die die alte Prahmfähre ersetzen sollte. Ausschlaggebend für diesen ungewöhnlichen Lösungsansatz waren finanzielle Zwänge. Die ursprünglich angedachte Drehbrücke hätte 420 000 Mark gekostet – zu teuer. Wie die Idee, stattdessen eine Schwebefähre zu bauen, in die norddeutsche Provinz kam, ist nicht überliefert. Schwebefähren waren gerade erst erfunden worden. Wenige Jahre zuvor, im Juli 1893, war das erste Verkehrsmittel dieser Art, die Puente de Vizcaya, in Spanien in Betrieb gegangen. Konstruiert hatte es der spanische Ingenieur Alberto Palacio. Ein Vorteil der Schwebefähre bestand in den vergleichsweise geringen Baukosten. Sie ließ sich zudem schnell errichten und ermöglichte einen Übergang unabhängig vom Eisgang im Winter oder von wechselnden Wasserständen. Bei der Oste, die von der Tide der Nordsee beeinflusst wird, war das durchaus relevant. Der größte Nachteil de Schwebefähre war ihre begrenzte Kapazität.

Schwebefähre – der Begriff klingt magisch, ist im Grunde aber irreführend. Es handelt sich um eine Hängebahn, also ein Schienenfahrzeug, bei dem eine Gondel an einem Träger befestigt ist, an dessen Kopfende sich Rollen befinden, die auf Gleisen geführt werden. Betrieben wird das Gefährt durch einen Elektromotor.

In Osten sollte es noch einige Jahre dauern, bis die Mittel für den Bau der Schwebefähre bereitgestellt waren. Immerhin 180 000 Reichsmark galt es zu finanzieren. Den Auftrag für die Konstruktion und die Bauausführung erhielten schließlich die Firmen MAN und die Allgemeine Elektricitäts-Gesellschaft (AEG).

Ende des Jahres 1908 beginnen die Bauarbeiten. Zunächst wurde ein 38 Meter hohes und 90 Meter langes Stahlgerüst errichtet, das die Oste überspannte. Durch die filigrane Fachwerk-Bauweise kam es mit vergleichsweise wenig Stahl

Nur fliegen ist schöner: Die Schwebefähre ist heute eine touristische Attraktion.

## 1974 wurde die Schwebefähre stillgelegt – und noch im selben Jahr unter Denkmalschutz gestellt.

aus (Gewicht: 286 Tonnen). Die 16 x 4,3 Meter große Gondel (Gewicht: 34 Tonnen) wurde für zwei Fuhrwerke und 25 Personen ausgelegt. Die zulässige Traglast betrug 18 Tonnen. Trotz der für damalige Verhältnisse zukunftsweisenden Konstruktion, dachte man auch noch an die alten Segelfrachtschiffe. Die Durchfahrtshöhe wurde daher mit 21 Metern so bemessen, dass voll bemastete Seeschiffe passieren konnten. Am 1. Oktober 1909 – nach weniger als einem Jahr Bauzeit – nahm die Fähre den Betrieb auf.

Mit fortschreitender Motorisierung des Verkehrs nach dem Zweiten Weltkrieg kam die Fähre zunehmend an ihre Kapazitätsgrenzen. Lange Wartezeiten wurden zur Regel. Ab dem 30. Mai 1974 sorgte eine im Zuge der B 495 neu errichtete Brücke über die Oste für Entlastung. Bereits einen Tag später wurde die Schwebefähre stillgelegt und noch im selben Jahr als technisches Kulturdenkmal unter Schutz gestellt. Nach einer Überholung ging sie 1975 als touristische Attraktion wieder in Betrieb. 2006 erfolgte eine umfassende Sanierung, die 1,1 Millionen Euro kostete. Seitdem verkehrt die Gondel von April bis Oktober.

Obwohl Schwebefähren ein preiswertes Transportmittel zur Überquerung von Gewässern waren, wurden weltweit insgesamt nur 20 gebaut. Acht von ihnen sind noch in Betrieb. Eine davon ist die Schwebefähre Osten-Hemmoor.

# Eine Kathedrale über der Themse

Die Tower Bridge ist eines der Wahrzeichen Londons. Erbaut im neugotischen Stil, wirkt sie wie eine mittelalterliche Kathedrale, die majestätisch über dem Fluss thront.

**51° 30' 19.84'' N, 0° 4' 31.6'' W**

Offene Türen: Die Tower Bridge öffnet ihre Baskülen etwa 800 Mal im Jahr – heutzutage meist für Kreuzfahrtschiffe.

## Tower Bridge

**Ort:** London/England
**Fertigstellung:** 30. Juni 1894
**Kosten:** 1,2 Millionen Pfund
**Bauzeit:** 8 Jahre
**Architekt:** Horace Jones
**Material:** Stahl, Kalkstein
**Gesamtlänge:** 244 Meter
**Höhe der Türme:** 65 Meter
**Durchfahrtshöhe:** 43 Meter (geöffnet) / 9 Meter (geschlossen)

**Manchmal beginnt** die Geschichte einer Weltstadt mit dem Bau einer Brücke. Wahrscheinlich war es das Jahr 47, als römische Truppen die Themse erreichten. Da die Flussufer überwiegend zu sumpfig für eine Siedlung waren, suchten sie einen Ort, an dem sie sich niederlassen konnten. Als sie ihn fanden, gaben sie ihm den Namen Londinium und errichteten eine hölzerne Brücke über den Strom. So fing alles an.

Bis heute trennt die Themse London in nahezu zwei gleich große Hälften. Und so ist die Geschichte der Stadt auch die Geschichte ihrer Brücken. Die berühmteste, spektakulärste und umstrittenste von ihnen ist die 1894 eröffnete Tower Bridge, benannt nach dem nahe gelegenen Tower of London. Umstritten war sie bereits bei ihrer Entstehung. Am 21. Juni 1886 wurde der Grundstein gelegt. Was dann in den Himmel wuchs, kam vielen Londonern wie eine seltsame Monstrosität vor. Links und rechts des Flusses ragten rund 60 Meter hohe Stahlskelette empor, die aussahen, als seien es Ungeheuer, die sich feindselig gegenüberstehen. Betrachtet man heute die historischen Fotos aus der Bauzeit, erkennt man in der Konstruktion nur schwerlich die Brücke, wie sie heute aussieht. Der Architekt des Bauwerks, Horace Jones, befürchtete seinerzeit, dass eine sichtbare Stahlkonstruktion dieser Größenordnung aus ästhetischen Gründen auf Ablehnung stoßen würde und ersann daher eine Verkleidung aus Kalkstein in neugotischem Stil, mit Zierwerk, Türmchen, Zinnen und Simsen. Diese Verblendung sollte darüber hinwegtäuschen, dass die Tower Bridge in ihrer Funktionalität eine äußerst wuchtige Stahlbrücke ist. Allein die beiden kolossalen Stahlpfeiler, die das Gerüst der beiden Türme bilden, wiegen 70 000 Tonnen. Die gesamte Konstruktion –bekanntermaßen eine Kombination aus Ketten- und Klappbrücke – wird von drei Millionen Nieten zusammengehalten. Der Kettenbrückenteil trägt jeweils die Fahrbahn rechts und links der beiden Türme. Bei diesem Brückentyp wird der Fahrbahnträger nicht von Stahlseilen, sondern von massiven Stahlstäben (sogenannten Ketten) gehalten, die mittels Augen und Bolzen beweglich miteinander verbunden werden. Zwischen den beiden Türmen befindet sich in 43 Metern Höhe eine feststehende Fußgängerbrücke, die zugleich eine wichtige stabilisierenden Funktion hat. Neun Meter über der Wasserlinie wurden zwei bewegliche Klappelemente (Baskülen) montiert, die zusammengefügt eine 61 Meter lange Fahrbahn tragen. Die beiden Fahrbahnträger lassen sich bis zu einem Winkel von 86° aufstellen, sodass auch große Frachter und heute vor allem Kreuzfahrtschiffe passieren können.

In den Türmen, verborgen hinter der Fassade aus Portland-Kalkstein, ist der hydraulische Klappmechanismus installiert. Ursprünglich wurde er von zwei Kolbendampfmaschinen mit 360 PS angetrieben, die in der Lage waren, die Fahrbahnträger in nur zwei Minuten hochzuklappen. 1942 wurde

Türmchen und Zinnen: Das Bauwerk wurde in neugotischem Stil errichtet.

Wer die Wahl hat: Als die Idee einer Tower Bridge aufkam, wurden mehr als 50 Entwürfe bei der City of London Corporation eingereicht. Es dauerte acht Jahre, bis sich das Special Bridge or Subway Committee für einen Entwurf entschied.

eine dritte Maschine als Reserve eingebaut – falls eine Fliegerbombe die beiden anderen Motoren beschädigen sollte. Aber sie verrichteten problemlos ihren Dienst, bis sie 1974 von hydraulischen Pumpen mit Elektromotoren abgelöst wurden. Der Maschinenraum mit den dampfbetriebenen Kolossen blieb erhalten und kann besichtigt werden.

Blicken wir noch einmal zurück: Am 30. Juni 1894 wurde die Brücke feierlich eingeweiht. Bald schon stellte sich heraus, dass sie nicht nur eine wichtige neue Verkehrsverbindung darstellte, sondern auch eine unheimliche Anziehungskraft auf alles ausübte, was in der Themse schwamm. Die Strömung des Flusses lud allerlei Treibgut an einer bestimmten

Stelle am Fuß der Brückenfundamente ab, unter anderem Wasserleichen. Der Ort erhielt deshalb im Volksmund den Namen Dead Mens Hole und wurde bis Anfang des 20. Jahrhunderts zu einer Art öffentlichen Leichenhalle umfunktioniert, in der die angespülten toten Körper aufgebahrt wurden, die nicht identifiziert werden konnten. Wer einen Angehörigen vermisste, ging dorthin, um nachzuschauen, ob er oder sie ertrunken war.

Es dauerte nicht lange, bis die Tower Bridge mit ihrer Architektur zum neuen Wahrzeichen des viktorianischen Londons wurde. Türmchen, Simse und der Dachzierrat sind typisch für den neugotischen Stil, in dem sie erbaut wurde. Er bediente sich der Elemente mittelalterlicher – also gotischer – Baukunst. Insbesondere die Kathedrale von Salisbury (1220–1260) soll hier bei der Planung Pate gestanden haben. Die Stilelemente der Tower Bridge finden sich auch im naheliegenden Parlamentsgebäude sowie im Uhrenturm des Big Ben wieder und stehen für einen scheinbaren Widerspruch: Sie entstanden in der Zeit der hemmungslosen Industrialisierung und Modernisierung des Königreichs. Sie wirken zugleich aber rückwärtsgewandt und verweisen auf Werte wie Beständigkeit und auf eine lange zurückreichende Tradition.

In den 1890er-Jahren war das britische Empire unter der Herrschaft von Königin Victoria auf dem Höhepunkt seiner Macht und Ausdehnung. Gerade die pompöse Architektur der Tower Bridge soll den herrschaftlichen Anspruch Großbritanniens zum Ausdruck bringen. Bei vielen Architekten und Künstlern kam die ausschweifende Baukunst der Epoche mit ihren fantastisch anmutenden Elementen allerdings nicht gut an. Der Schriftsteller Peter Ackroyd schrieb in seiner Biografie Londons über die Tower Bridge: »Sie ist eine außergewöhnliche Ingenieurleistung, aber in einem unpersönlichen und abstoßenden Maßstab.«

Ihrer Berühmtheit hat das keinen Abbruch getan. In China wurde sie sogar nachgebaut – nicht maßstabsgetreu, aber erkennbar – gleich neben einer Kopie des Eiffelturms.

Für die Statik: In 43 Metern Höhe befindet sich eine feststehende Fußgängerbrücke, die zugleich eine stabilisierende Funktion hat.

Bibliografische Information der Deutschen Nationalbibliothek
Die Deutsche Nationalbibliothek verzeichnet diese Publikation in der Deutschen Nationalbibliografie; detaillierte bibliografische Daten sind im Internet über http://dnb.dnb.de abrufbar.

1. Auflage
ISBN 978-3-667-12850-8
© Delius Klasing Verlag GmbH, Bielefeld

**Text:** Sebastian Junge
**Lektorat:** Felix Wagner
**Layout:** Jörg Weusthoff, wundrdesign.de
**Lithografie:** Weusthoff & Reiche Design, Hamburg
**Druck:** Print Consult, München
Printed in Slovakia 2024



Delius Klasing Verlag GmbH, Siekerwall 21, D - 33602 Bielefeld
Tel.: 0521/559-0, Fax: 0521/559-115
E-Mail: info@delius-klasing.de
www.delius-klasing.de

**Bildnachweis:**

**Titel:** Thomas Barstad Eckhoff

**Innenteil:**
**AdobeStock:** S. 15 (v. Urk); S. 23; S. 24/25; S. 26/27; S. 29 (Stefan Ugljevarevi); S. 30/31 (M. Palinchak); S. 32/33; S. 34/35; S. 44 (Wiroj Sidhisoradej); S. 51 (NurPhoto); S. 53; S. 58/59; S. 64/65 (A. Reipert); S. 72/73; S. 86/87 (N. Kontostavlakis); S. 88/89 (P. Tanpairoj); S. 91; S. 92; S. 93 (Curioso); S. 100/101 (Picasa 2.6); S. 105 (C. Rahn); S. 108/109 (T. Chmielewski); S. 142/143 (M. Binnerstam); S. 146/147 (U. Moser); S. 152/153 (Engel Ching); S. 154/155; S. 157; S. 158/159; Nachsatz Einzelseite

**Carl Schnell:** S. 145

**IMAGO Images:** Vorsatz Doppelseite (Westend61); Vorsatz Einzelseite (M. Hansemann); S. 8/9; S. 12/13 (J. Ickler); S. 16/17 (Imagebroker); S. 18 (Zonnar); S. 20/21; S. 46/47 (NurPhoto); S. 68/69 (Westend61); S. 78/79 (Independent Photo Agency); S. 96/97 und S. 99 (R. Schober); S. 102/103 /Zonnar); S. 107 (Imagebroker); S. 116/117 (Imagebroker); S. 118/119 (I. Wächter); S. 121 (W. Rothermel); S. 122/123 (Imagebroker); S. 124/125 (M. Christ); S. 127 (K. Welsh); S. 128 (Imagebroker); S. 130/131 u. 132/133 (M. Hansemann); S. 135 (Imagebroker); S. 137 (M. Hansemann); Nachsatz Doppelseite (Imagebroker)

**iStock:** S. 2 (S. van der Wal); S. 11 (Vale T.); S. 37; S. 66/67 (C. Wong); S. 95 (E. Omega); S. 138/139 (H. Mittlerer)

**Jörg Weusthoff:** S. 60/61; S. 63

**mauritius images:** S. 38/39; S. 40/41; S. 43; S. 45; S. 48/49; S. 54/55; S. 57; S. 77; S. 151

**Photoshelter:** S. 85 (P. Sandground)

**picture alliance:** S. 7 und 80/81 (empics); S. 74/75 (NurPhoto); S. 82/83 (R. Harding); S. 113 (dpa): S. 114/115 (J. Scheibner);

**Wasserstraßen- und Schifffahrtsverwaltung des Bundes/WSV:** S. 110/111 (WSA Uelzen)

**Wikipedia:** S. 141; S. 148/149 (Matthias Süßen / matthias-suessen.de / License: https://creativecommons.org/licenses/By-sa/4.0 via Wikimedia Commons)